I'm Maker i创客 | DFROBOT DRIVE THE FUTURE

Arduino+3D 打印创新电子制作 2

20 个智能硬件搭建实例

李亚东　陈杰　李晓坤　著

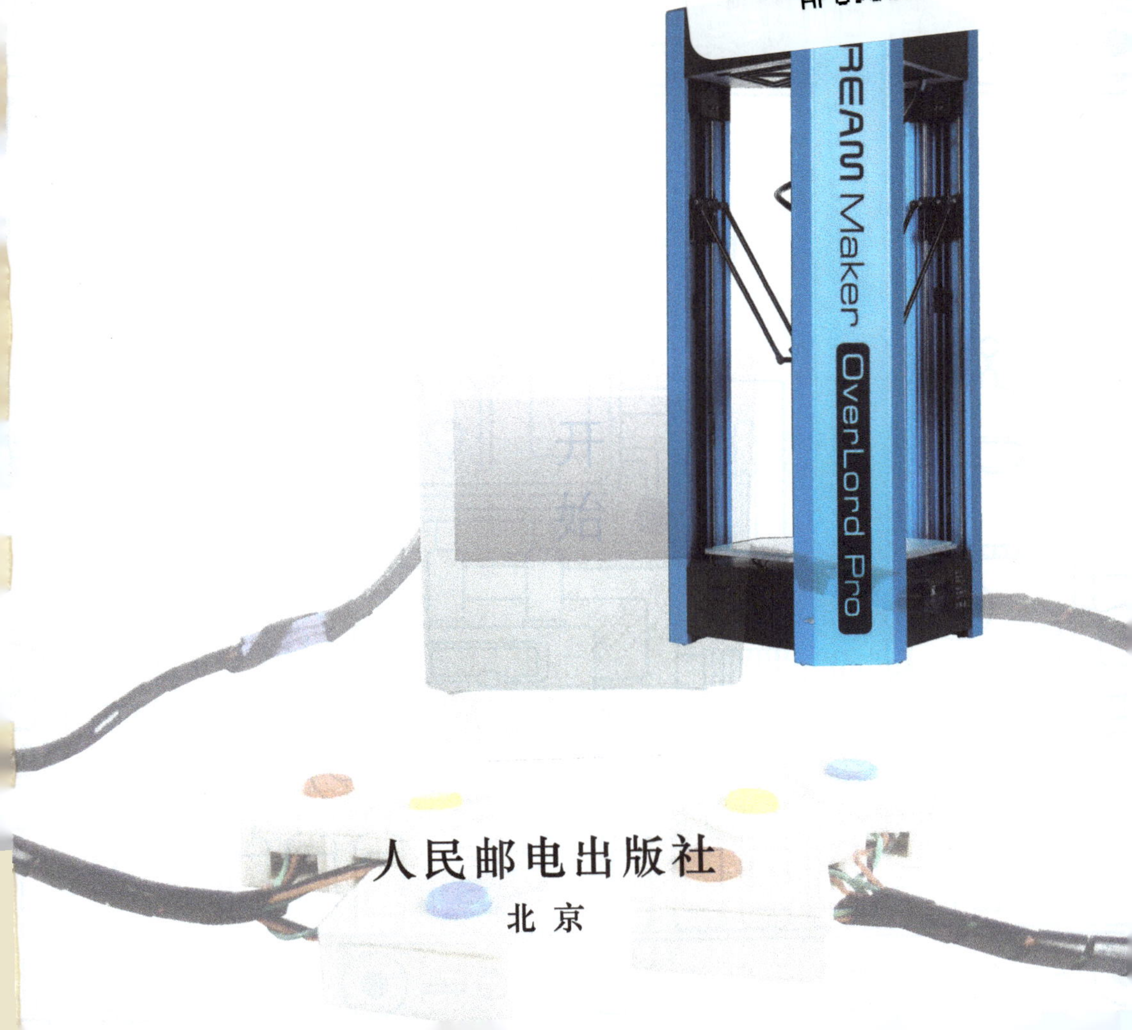

人民邮电出版社
北京

图书在版编目（CIP）数据

Arduino+3D打印创新电子制作. 2 / 李亚东，陈杰，李晓坤 著. -- 北京 : 人民邮电出版社，2018.7
（i创客）
ISBN 978-7-115-48407-9

Ⅰ. ①A… Ⅱ. ①李… ②陈… ③李… Ⅲ. ①单片微型计算机－应用－电子器件－制作②立体印刷－印刷术－应用－电子器件－制作 Ⅳ. ①TP368.1②TS853③TN103

中国版本图书馆CIP数据核字(2018)第111349号

内 容 提 要

"i 创客"谐音为"爱创客"，也可以解读为"我是创客"。创客的奇思妙想和丰富成果，充分展示了大众创业、万众创新的活力。这种活力和创造，将会成为中国经济未来增长的不熄引擎。本系列图书将为读者介绍创意作品、弘扬创客文化，帮助读者把心中的各种创意转变为现实。

本书通过一个个有趣的项目案例介绍了使用 3D 建模、3D 打印技术制作作品的结构件；通过 Arduino 开源硬件平台搭建物理电路，编写程序完成各种功能，制作出酷炫智能装置的全过程。本书语言生动，图片直观，手把手教你完成项目的制作。本书共有基础篇、生活 DIY、娱乐与酷玩、教育教学、创意制作、创客竞赛 6 章，收录了 20 个 Arduino+3D 打印制作实例，读者可以有针对性地选择自己喜欢的栏目。更重要的是，学习完本书案例后，你就可以举一反三，学以致用，做出超越本书案例的作品。

本书适合基础教育领域的学生阅读，可作为校园选修课的教材，也适合对创客创意制作感兴趣的新手阅读。

◆ 著　　　　李亚东　陈　杰　李晓坤
　责任编辑　周　明
　责任印制　彭志环

◆ 人民邮电出版社出版发行　　北京市丰台区成寿寺路 11 号
　邮编　100164　　电子邮件　315@ptpress.com.cn
　网址　http://www.ptpress.com.cn

◆ 开本：690×970　1/16
　印张：7.25　　　　2018 年 7 月第 1 版
　字数：159 千字　　2018 年 7 月北京第 1 次印刷

定价：49.00 元

读者服务热线：(010)81055339　印装质量热线：(010)81055316
反盗版热线：(010)81055315

FOREWORD

前言

做自己开心的事

写书也许是我目前做的最让自己开心的事了，这是我写的第三本书了，距离第一本书《Arduino+3D 打印创新电子制作》出版已经快两年了，这期间《Arduino+3D 打印创新电子制作》已经印刷 3 次了。同时，我在这两年的时间内收获了读者的赞许，也收到了读者的意见。他们提出《Arduino+3D 打印创新电子制作》的案例更适合有一定基础的创客，但是对于基础教育阶段的学生和零基础的用户有些难度，另外书中的 3D 建模内容写得少了。于是写一本新书的想法就诞生了。

本书延续《Arduino+3D 打印创新电子制作》的风格，依然采用项目式形式展开，我始终认为：不管学习什么知识，以项目式形式学习都是最快、最有效的方式。我自己是这样学过来的，我带的学生也是这样玩的。这本《Arduino+3D 打印创新电子制作 2》是可以不断激发你兴趣和好奇心、多图少字的一本入门书。在这里，你可以学到 3D 建模、3D 打印、Arduino 开源硬件设计、编程、传感器控制等内容。你会沉醉在造物之中，无法自拔！

整书章节

本书中的制作项目使用 Google SketchUp 进行 3D 建模，3D 打印机使用了 DFRobot 的 Overlord Plus，硬件使用了 Arduino 控制板（兼容）。通过 3D 空间的旋转、推拉操作，你可以为你的作品找个“家”；通过 Arduino 电子模块的排列组合，你可以为你的作品赋予“灵魂”，让它们成为一个个“百变精灵”。

本书分为基础篇、生活 DIY、娱乐与酷玩、教育与教学、创意制作、创客竞赛作品 6 章。其中第 1 章“基础篇”从零开始教你如何进行 3D 建模、如何使用 Arduino 制作简单控制系统，从而做出一个简单的小作品；第 2 章“生活 DIY”则从生活实际出发，制作出一些创意作品，是对第 1 章的复习，更是对第 1 章的提升；第 3 章“娱乐与酷玩”通过 3 个酷炫作品拓展读者视野，更想让读者领略到Arduino+3D 打印的美妙，并能举一反三，学以致用；第 4 章“教育与教学”则是我作为中学通用技术老师进行课堂教学的案例，这些案例可以让学生理解通用技术学科的知识点、掌握教学用具；第 5 章“创意制作”则是蘑菇云（淮南站）创客空间会员在日常学习生活中的作品；第 6 章“创客竞赛作品”则收录了 2017 年、2018 年蘑菇云（淮南站）创客空间会员参加科技创新大赛、创客竞赛的获奖作品，希望这些作品对同龄的高中生有所帮助。各章之间，层层递进，又互有联系，在融汇贯通之中，使读者对技术、知识的掌握螺旋攀升。本书内容也是安徽省教育科学规划课题“基于 Arduino 平台的普通高中通用技术课程开发项目”的成果，项目编号为 JG14218。

另外还有个好消息，本系列上一本《Arduino+3D 打印创新电子制作》于 2018 年 5 月 16 日获得安徽省教育厅评选的 2018 年安徽省基础教育教学成果奖二等奖，成果名称为“基于青少年科技创新大赛的校本课程开发与应用”，证书编号为 JJCG18053。

感谢词

按照国际惯例，在这里我要来一大波感谢。本书能够出版，首先感谢人民邮电出版社给了我这么一个大舞台，让我可以在这个舞台上表现自己。还要感谢我的老婆，是她承担了大部分的家务和带孩子的重任，让我有空来完成此书。另外也要感谢此书的合作者：阜阳一中李亚东老师、淮南一中李晓坤老师，是大家合作，才让此书诞生。当然，还要感谢本书的硬件供应商 DFRobot，它不光为我们提供了优质的硬件资源，更在我们处于困境时，无私地提供技术支持。最后还要感谢广大读者，你们花钱购买了书，我才有动力不断出版新书，才能维持我现在的生态平衡……不停地造物。最后祝大家玩得开心。

陈杰

2018 年 4 月

本书相关源程序、3D 打印模型等资源请扫描二维码或访问以下网址获取。

http://box.ptpress.com.cn/y/RC2018000012

CONTENTS

目 录

第 1 章 基础篇 1

01 无线供电的小风扇 2

1.1 结构建模 2
1.2 电路连接与部件安装 9

02 迷你交通信号灯 11

2.1 结构件建模 11
2.2 电路连接 14
2.3 程序 14
2.4 结构件组装 14

03 手势控制的台灯 16

3.1 结构件建模 16
3.2 电路连接 21
3.3 程序编写 21
3.4 结构件组装 22

第 2 章 生活 DIY 23

04 车载版主动式空气净化器 24

4.1 作品设计 24
4.2 制作过程 25

05 简易摄影棚 28

5.1 组装摄影棚 28
5.2 云台的安装 29
5.3 外壳建模及打印 30
5.4 电路连接 31
5.5 代码编写 31
5.6 安装调试 32

06 桌面小冰箱 33

6.1 结构建模 33
6.2 电路连接 34
6.3 组件安装 34
6.4 程序编写 35
6.5 上电测试 35

07 桌面级制冷风扇 36

7.1 工作原理 36
7.2 电路连接 36
7.3 外观设计及安装 38

第 3 章 娱乐与酷玩 43

08 组合式炫彩手棒 44

8.1 结构件建模 44
8.2 电路连接 46
8.3 组装过程 47
8.4 Arduino 程序 47

09 会下雨的雷电云 49

10 “锤子 · 剪刀 · 布”游戏机 53

10.1 结构件建模 54
10.2 模型打印 54
10.3 电路连接与 OLED 屏的使用 .. 54
10.4 组件安装 56

10.5 代码编写 57
10.6 拓展玩法 57

第 4 章 教育与教学 59

11 非接触式红外温度计 60
11.1 电路连接 60
11.2 代码编写 61
11.3 结构建模与打印 61
11.4 测量方法 62

12 激光报警器模型 63
12.1 原理 63
12.2 制作 63
12.3 安装 65
12.4 代码 66
12.5 扩展 66

13 水箱水质、水位监测系统模型 67
13.1 功能设计 67
13.2 水位传感器的制作 67
13.3 浊度传感器 68
13.4 温度传感器 69
13.5 模拟 pH 计 69
13.6 电路连接 69
13.7 测试差值 70
13.8 水泵 71

第 5 章 创意制作 73

14 蓝牙通信的厨下燃气报警器 74
14.1 结构件建模 74
14.2 电路连接 79
14.3 组件安装 79
14.4 程序编写 80

15 简单手语发声机 81
15.1 组装连接 81
15.2 弯曲传感器的输出值 82
15.3 语音素材 82
15.4 定义动作 82
15.5 代码编写 83
15.6 运行测试 83

16 可触发拍照的监控器 84
16.1 结构件建模 84
16.2 组件安装 86
16.3 代码编写 87
16.4 运行测试 88

第 6 章 创客竞赛作品 89

17 可双向查找的智能钥匙扣 90
17.1 电路连接 90
17.2 蓝牙配对 92
17.3 代码编写 92
17.4 结构件建模 93
17.5 组件安装 94
17.6 测试 94

18 智能导盲杖 95
18.1 作品功能设计 95
18.2 电路连接 95
18.3 代码编写 96
18.4 建模、安装 97

19 实时水质监测船 101
19.1 采集端 101
19.2 遥控端 102
19.3 APC220 无线数传模块的配置 103
19.4 安装测试 104

20 基于物联网平台的无线充电智能公路模型 106
20.1 功能设计 106
20.2 工作原理 106
20.3 作品制作 106
20.4 安装测试 109

第 1 章

基础篇

01　无线供电的小风扇

02　迷你交通信号灯

03　手势控制的台灯

01 无线供电的小风扇

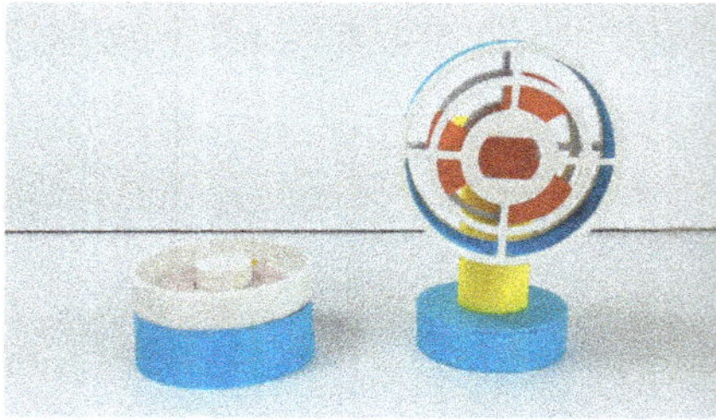

夏天很热，作为桌面降温必备利器，风扇怎么能少？作为有情怀的创客，我们 DIY 的小风扇必须与众不同，首先它的机械结构件是 3D 打印的，其次它是无线供电的！项目器材见表 1.1。

表 1.1 项目器材

名称	数量
无线供电模块（5V/1A）	1
130 直流电机	1
3.7V 锂电池	1
锂电池充电器	1
杜邦线	若干
扇叶	1

1.1 结构建模

本作品共由以下 8 部分构成：无线发射端 A（蓝色）、无线发射端 B（白色）、无线接收端（蓝色）、无线接收端盖板（蓝色）、立柱（黄色）、电机固定槽（黄色）、风扇后面罩（蓝白色）、风扇前面罩（白色）。

1.1.1 无线发射端 B

❶ 打开 SketchUp，单击菜单“镜头”→“标准视图”→“顶部”，使用圆形工具，绘制半径为 30mm 的圆形。

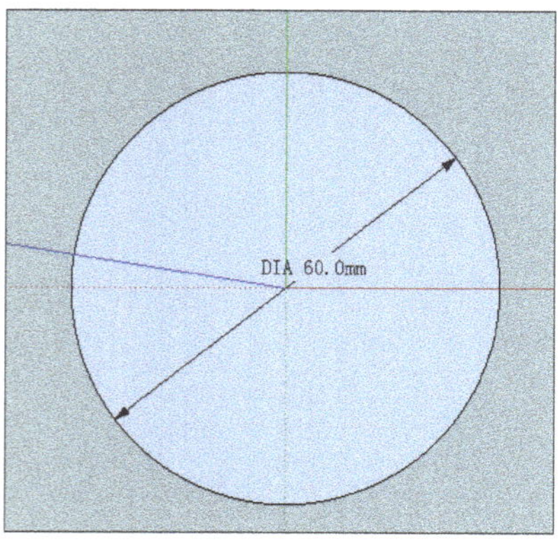

❷ 使用偏移工具把圆形向外侧偏移 2mm 作为壁厚。

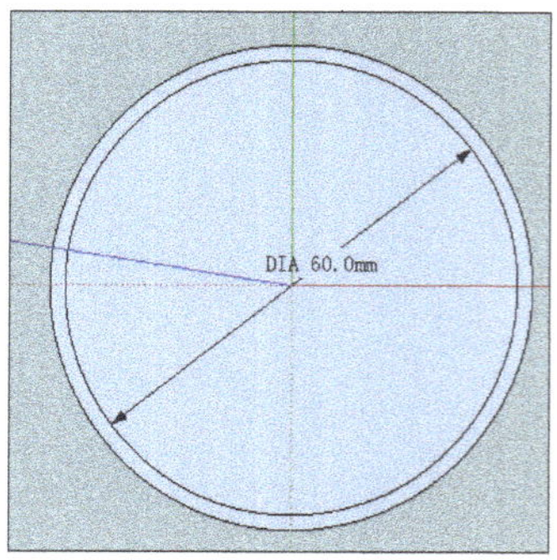

❸ 使用偏移工具把里面的圆形向内偏移 20mm，形成一个半径为 10mm 的圆形。

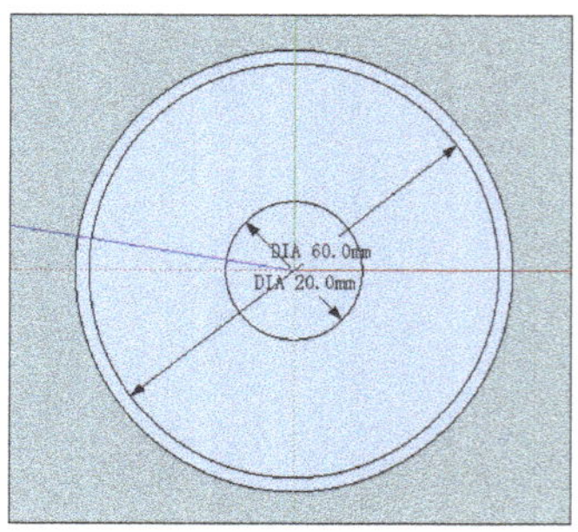

❹ 将视图切换到等轴视图，使用推拉工具将最里面的圆形向上拉伸12mm，形成一个圆柱，用于固定发射端。

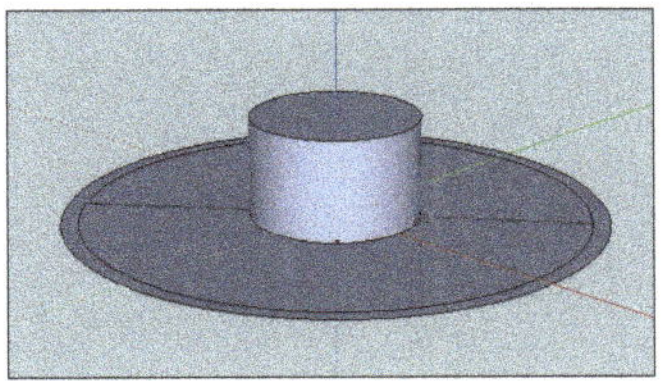

❺ 将中间的圆环向上拉伸2mm，作为其壁厚。

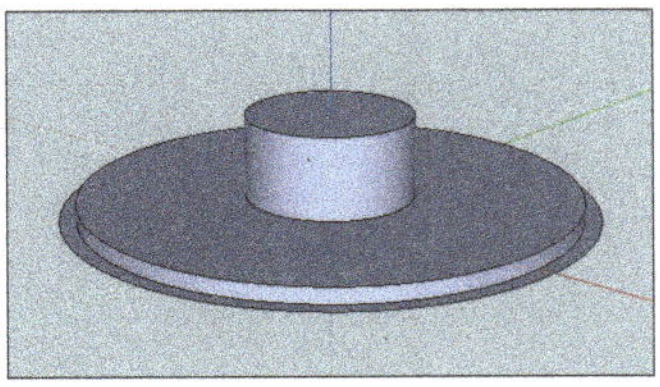

❻ 翻转模型并用直线工具封闭底部区域。

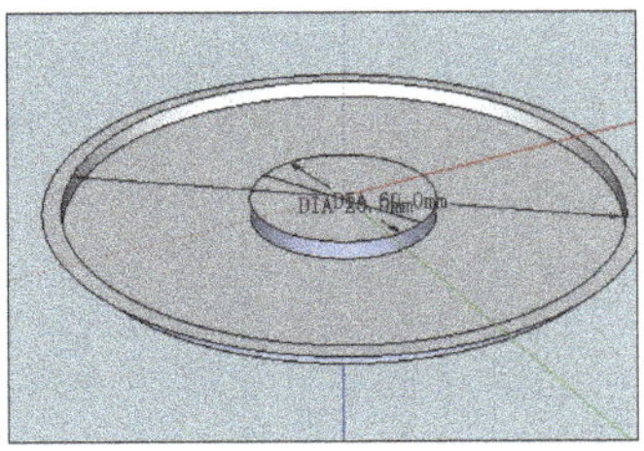

❼ 翻转模型，将外圈的圆环向上拉伸12mm。

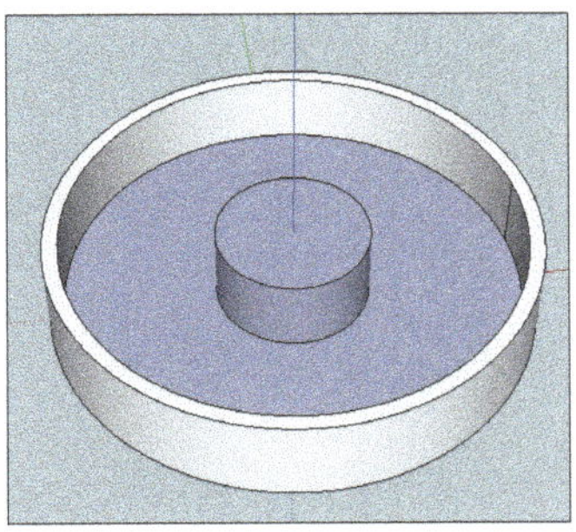

❽ 切换到顶视图，绘制一个大小合适的圆形，并用推拉工具使其成为圆孔。

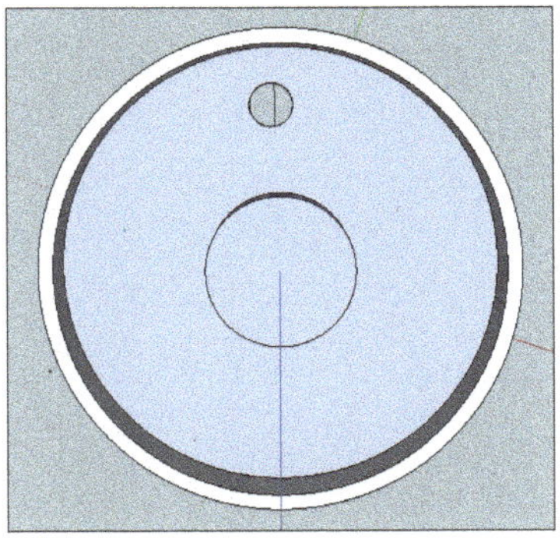

❾ 翻转模型，检测多余的线条，将其删除。

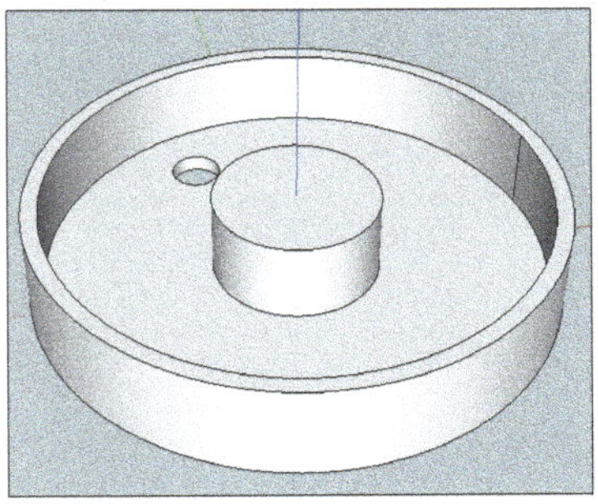

❿ 打印出的实物如下图所示。

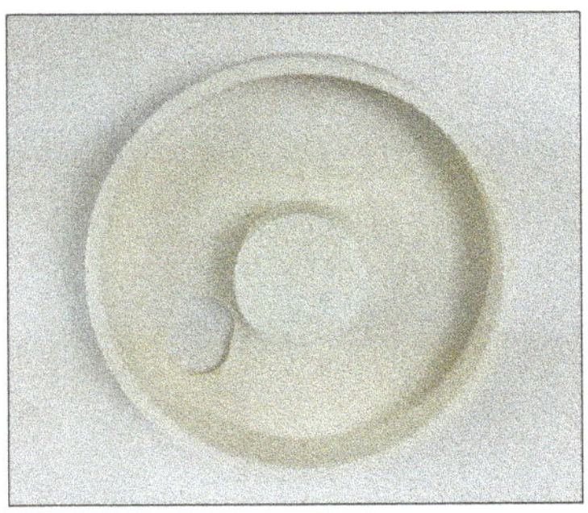

1.1.2 无线发射端 A

❶ 以上面制作出的模型文件为基础，用直线工具封闭圆孔，同时封闭底部圆孔，并删除多余的线。

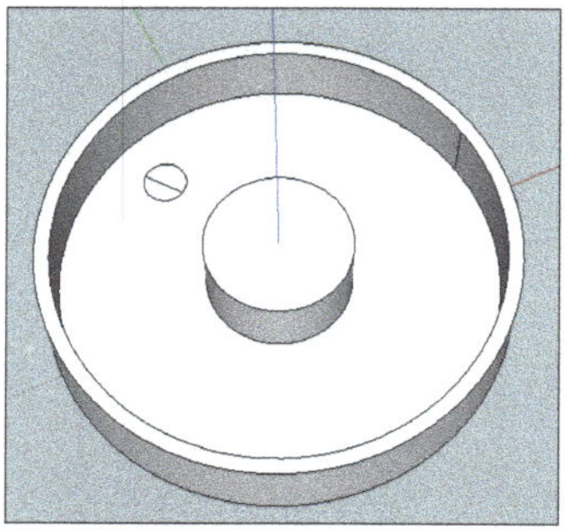

❷ 使用推拉工具将中心处的圆柱往下压 10mm，使其成为一个平面，并删除圆形。

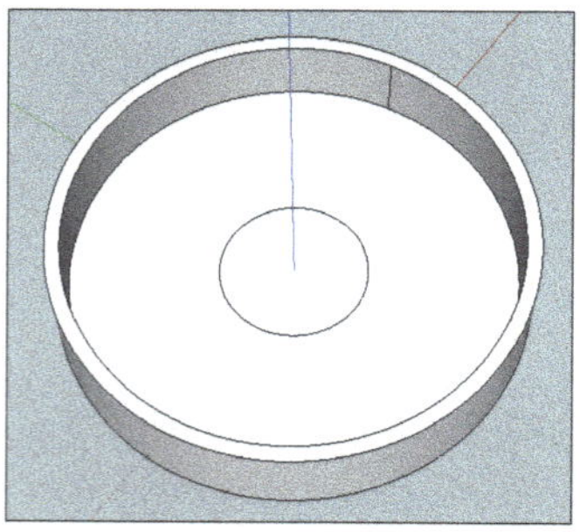

❸ 切换到顶视图，使用卷尺工具以 A 点为起点，测量出直线距离为 15.1mm 的 B 点。

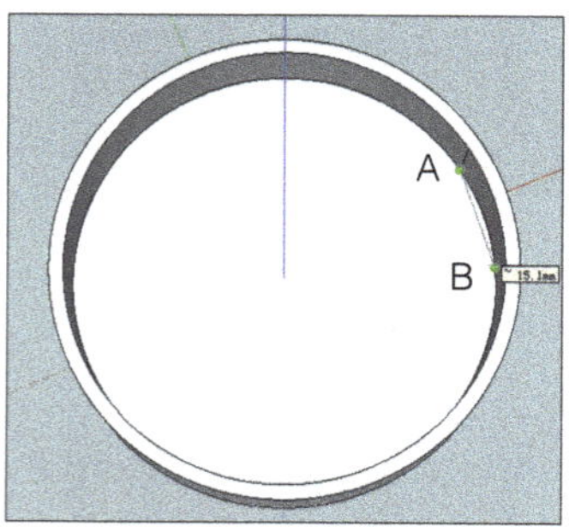

❹ 使用直线工具，以 B 点为起点绘制一条垂直于底面、与上边缘线相交的直线。

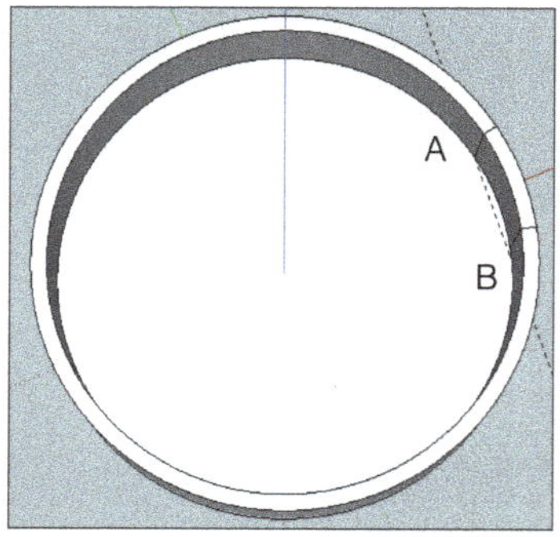

❺ 使用推拉工具将两条线之间的部分下推 10mm，推出一个缺口，作为供电接口。

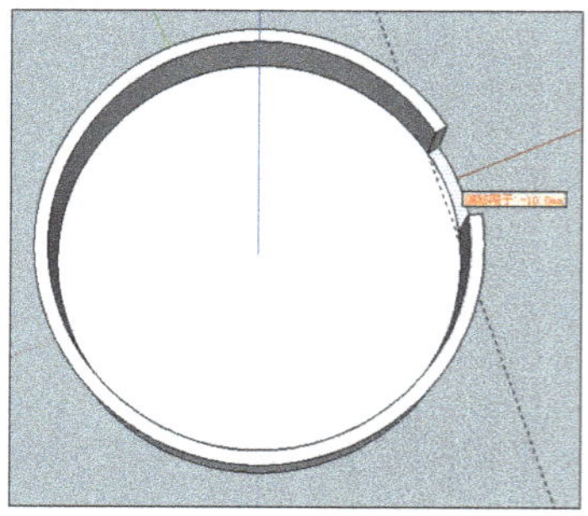

❻ 用卷尺工具绘制长度为 26mm、32mm 的直线各两条，如下图所示。

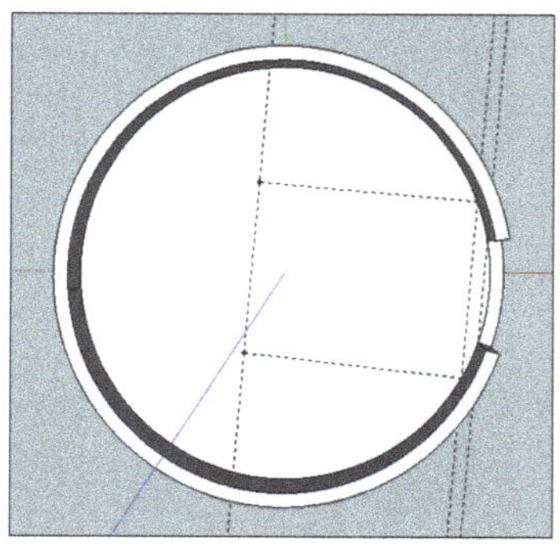

⑦ 使用圆形工具分别绘制 4 个半径为 1.5mm 的圆形，距离边界分别为 3mm、2mm，并使用推拉工具向下推出螺丝孔位。

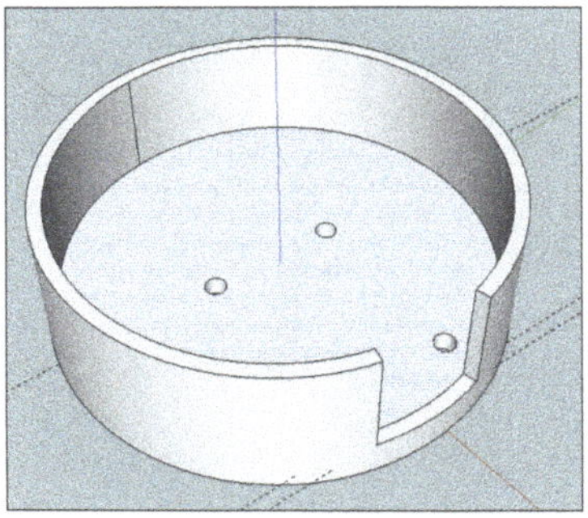

⑧ 打印出的实物如下图所示。

1.1.3 无线接收端（蓝色）

① 绘制一个半径为 28mm 的圆形，并使用偏移工具向内偏移 16mm。

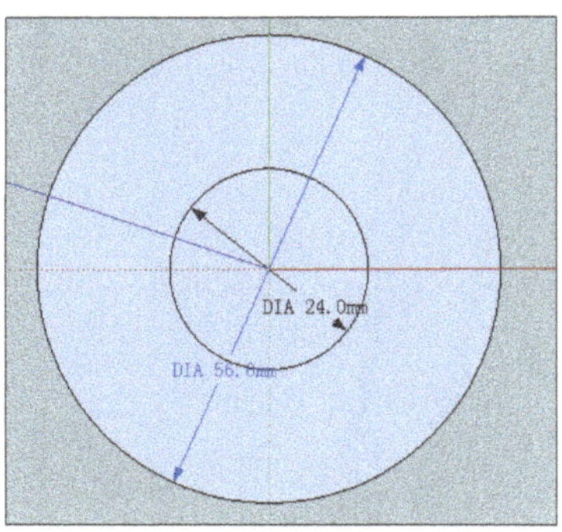

② 使用推拉工具将外圈拉伸 2mm，并删除内圈的圆形。

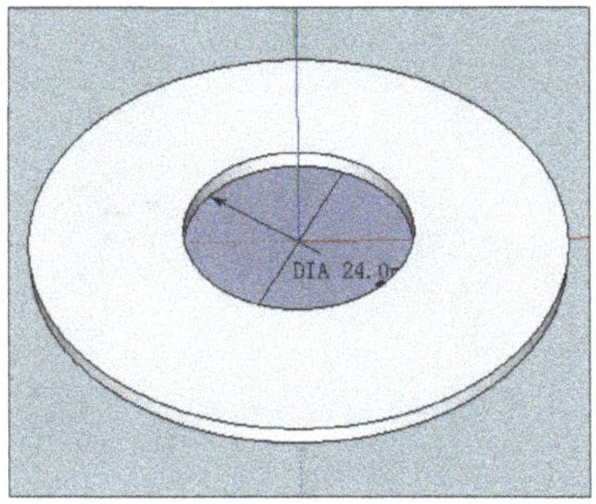

③ 使用偏移工具以外圈为基准向内偏移 2mm，并使用推拉工具将新的外圈向上拉伸 12mm。

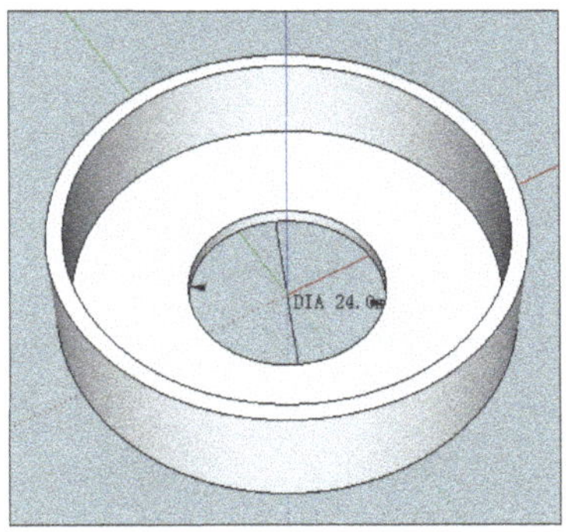

④ 打印出的实物如下图所示。

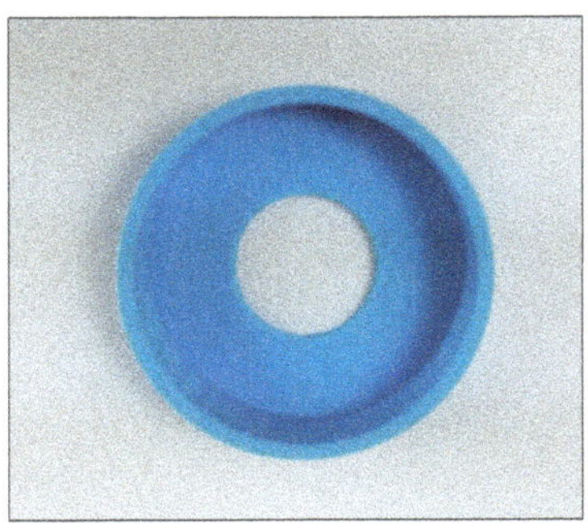

1.1.4 无线接收端盖板

1 以无线发射端 A 第 2 步制作的模型为基准，以内圈圆形为基准向内偏移 2mm。

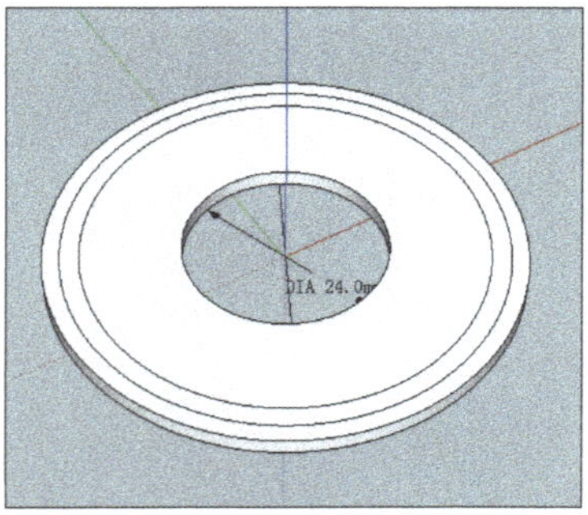

2 使用推拉工具将向内的第二圈向上拉伸 4mm。

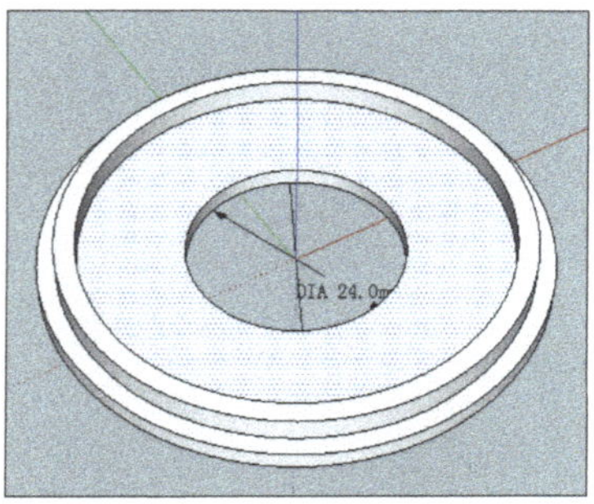

3 打印出的实物如下图所示。

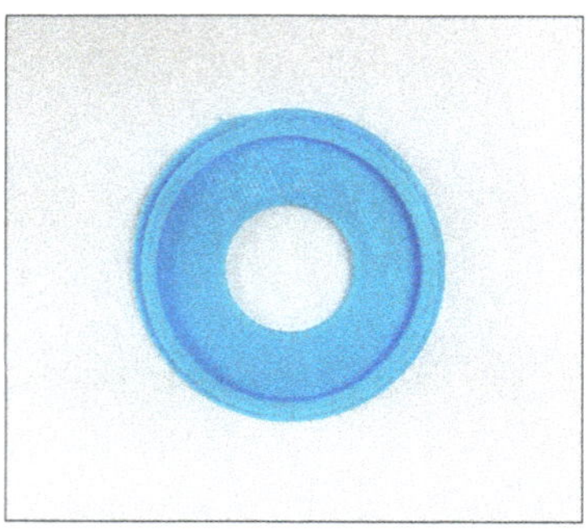

1.1.5 电机固定槽

1 切换到顶视图，绘制一个边长为 30.25mm 的正方形，使用直尺工具测量并标记出距离两个端点 8mm 的点（A、B 点）。

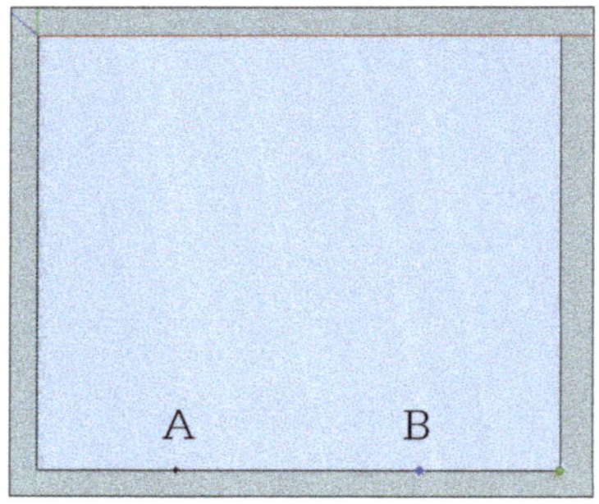

2 使用推拉工具向上拉动 2mm。

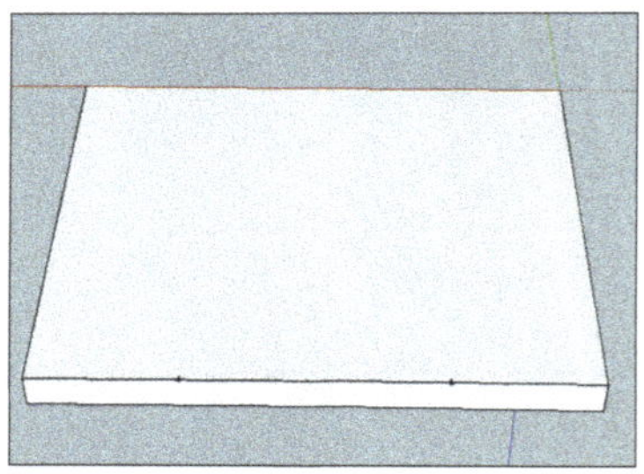

3 从 A、B 两点向对面做垂线。

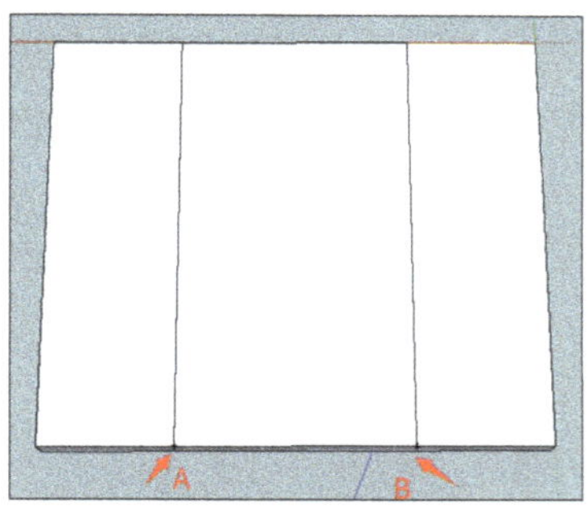

❹ 使用推拉工具将两端向上拉动15mm。

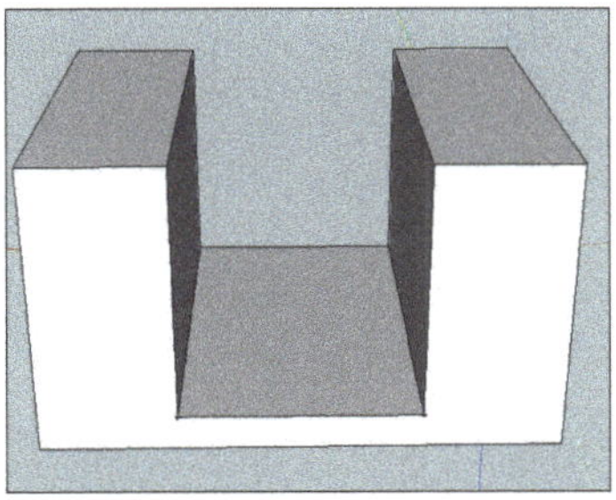

❺ 切换到前视图，使用弧线工具绘制高3mm的弧线。

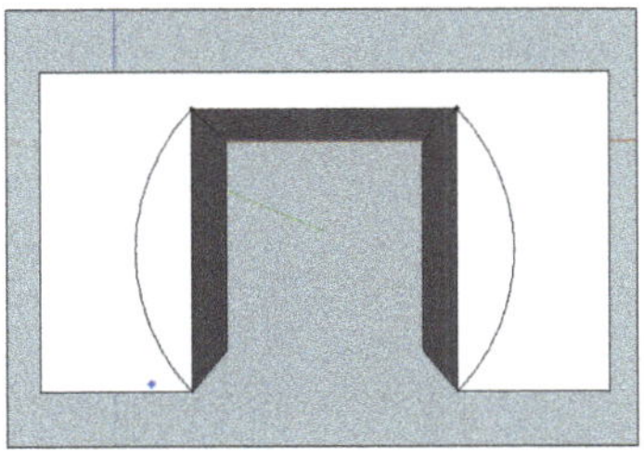

❻ 使用推拉工具向下压，剔除多余部分。

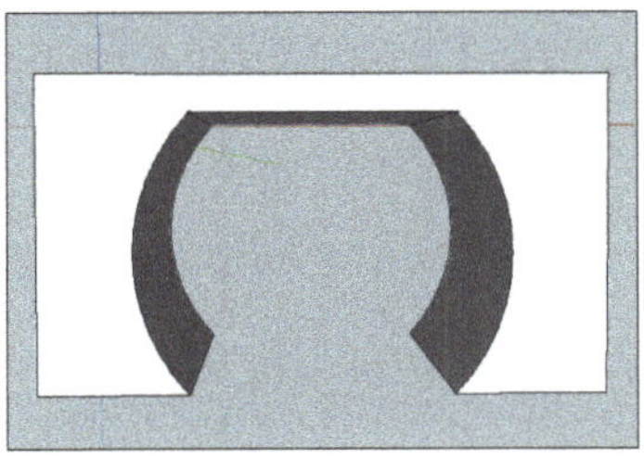

❼ 打印出的实物如下图所示。

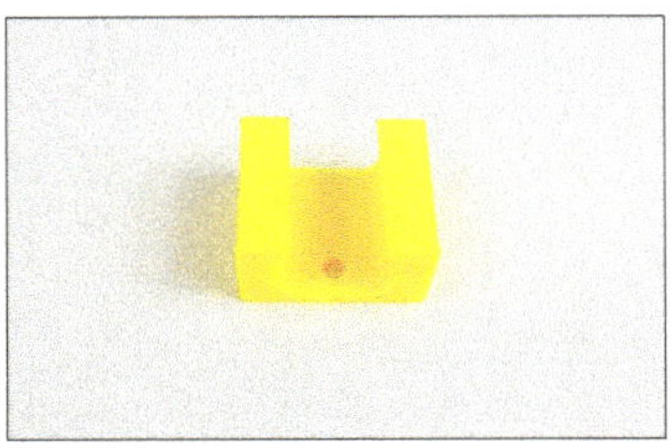

1.1.6 风扇面罩

❶ 绘制半径为35mm的圆形，使用偏移工具将其分别向内偏移2mm、10mm。

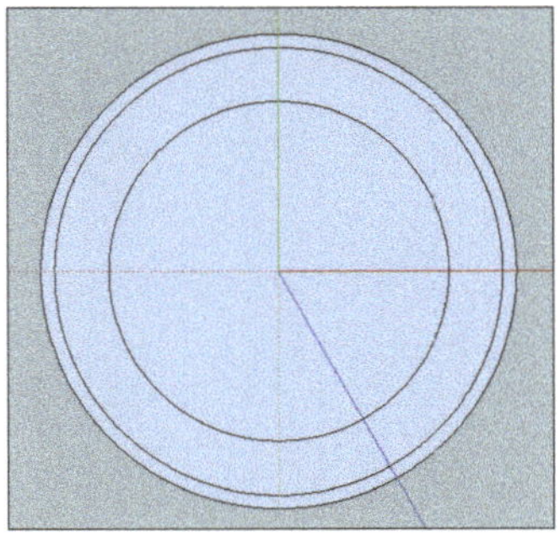

❷ 使用偏移工具以最内圈圆形为基准向内偏移2mm，以最外圈圆形为基准向内偏移20mm。

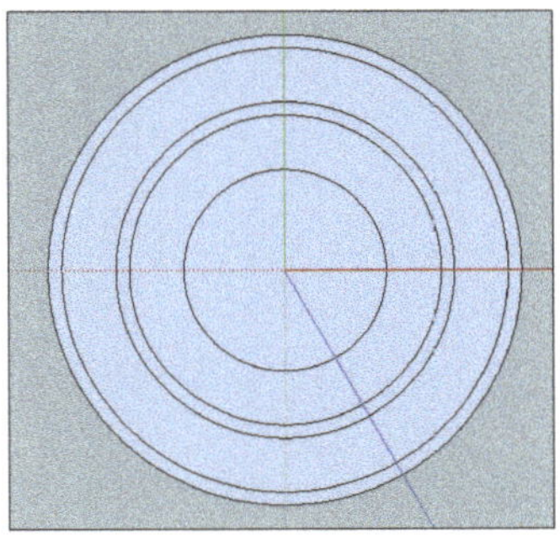

❸ 以最内圈圆形为基准向内偏移2mm。

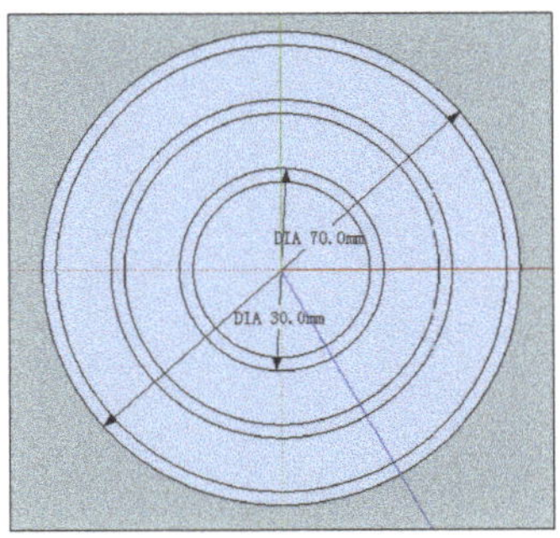

❹ 以最外圈圆形为基准向内偏移 25mm。

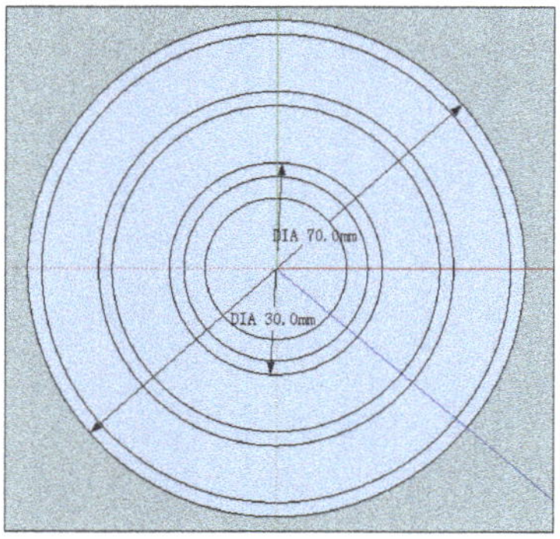

❺ 使用直尺工具分别确定距离圆心 7mm 的 A、B 两点。

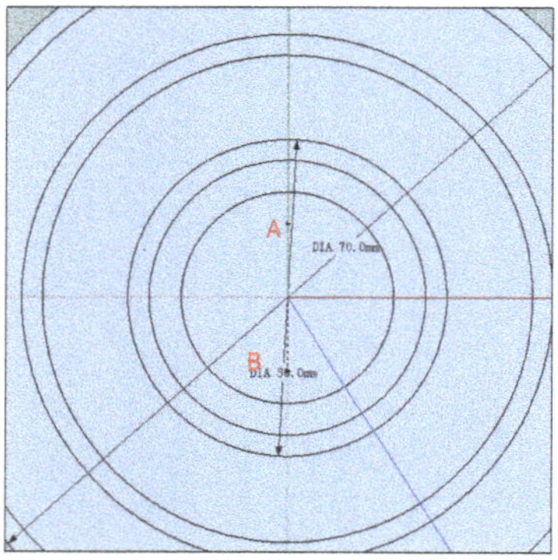

❻ 使用直线工具绘制穿越 A、B 两点的直线。

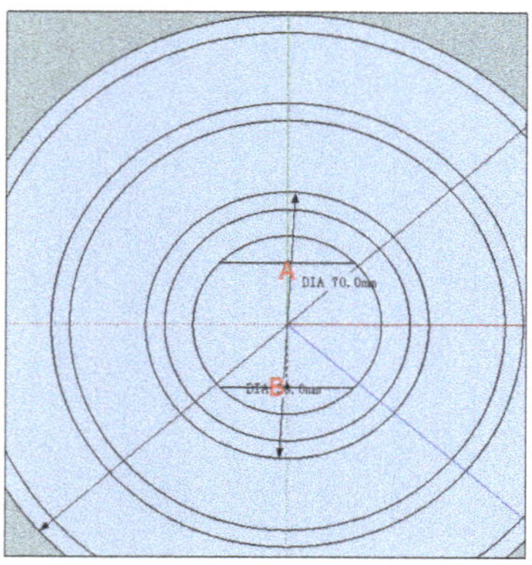

❼ 使用矩形工具绘制如下图所示的矩形，并删除多余的线条。

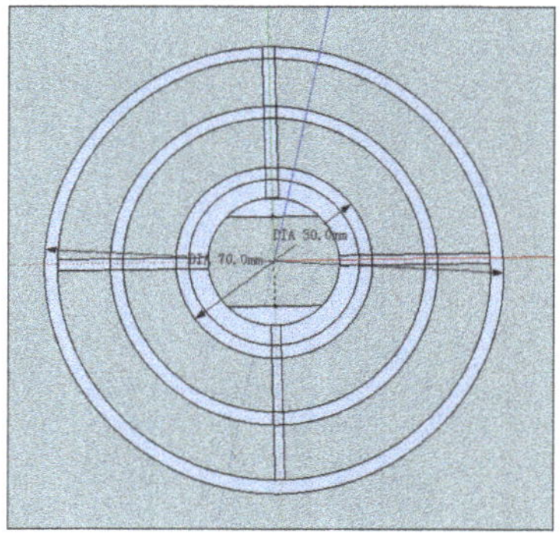

❽ 将内部图形向上拉伸 4mm，并把外圈向上拉伸 4mm，风扇前面罩就设计完了。

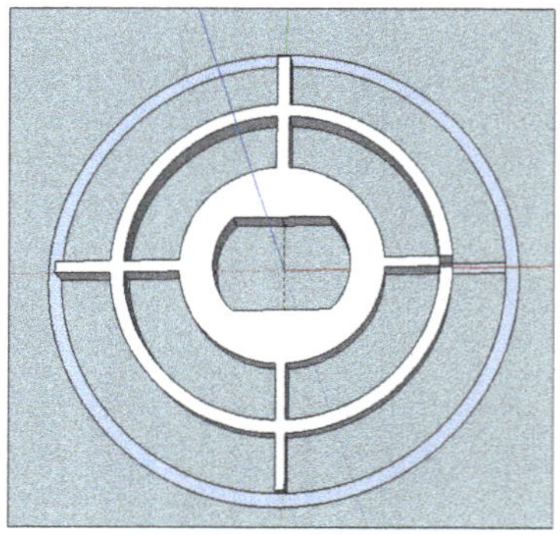

❾ 打印出的风扇前面罩实物如下图所示。

⑩ 将第 7 步的内部图形向上拉伸 4mm，并把外圈向上拉伸 20mm，风扇后面罩就设计完了。

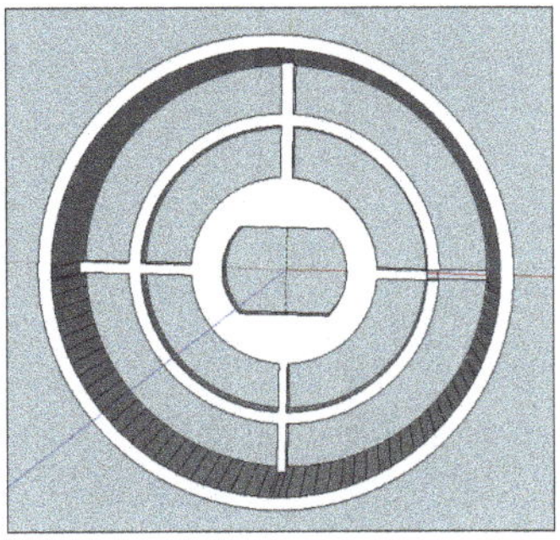

⑪ 打印出的风扇后面罩实物如下图所示。

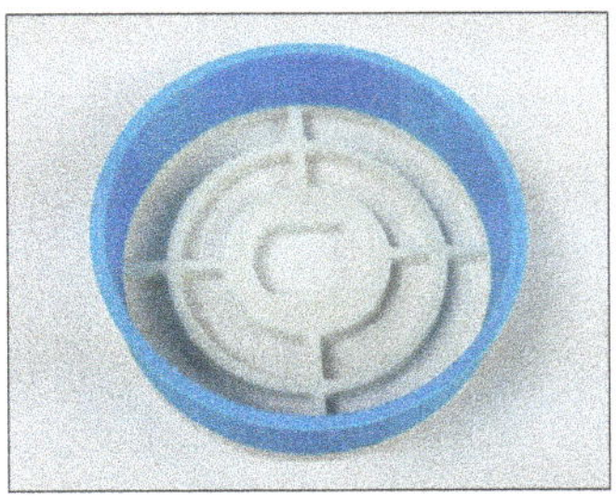

立柱部分为一个空心圆柱体，这里不再介绍。

1.2 电路连接与部件安装

① 将无线发射线圈的连接线从无线发射端 A 的孔中穿出，与锂电池充电器连接。

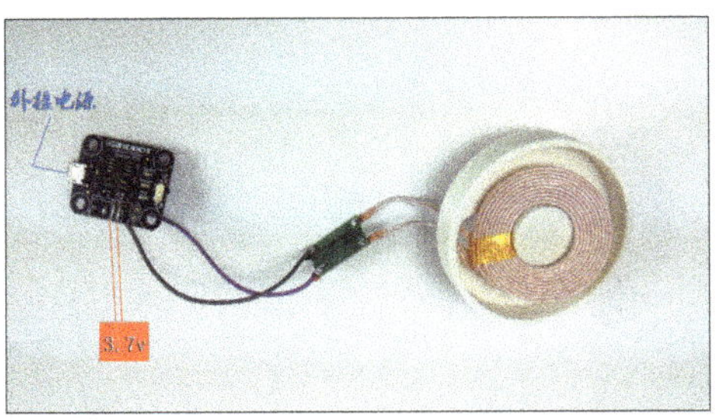

② 将锂电池充电器固定在底部容器中，并接上 3.7V 锂电池，再将锂电池置放于无线发射端 A 的底部。

③ 用 AB 胶上下粘住无线发射端 A、B 两部分。

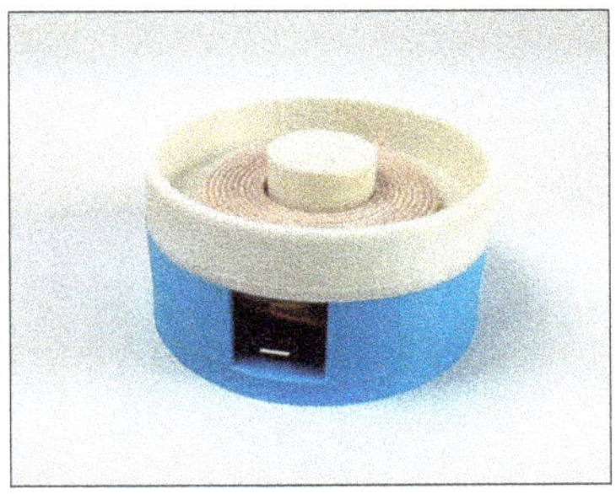

④ 将无线接收线圈用胶水粘在无线接收端底部。

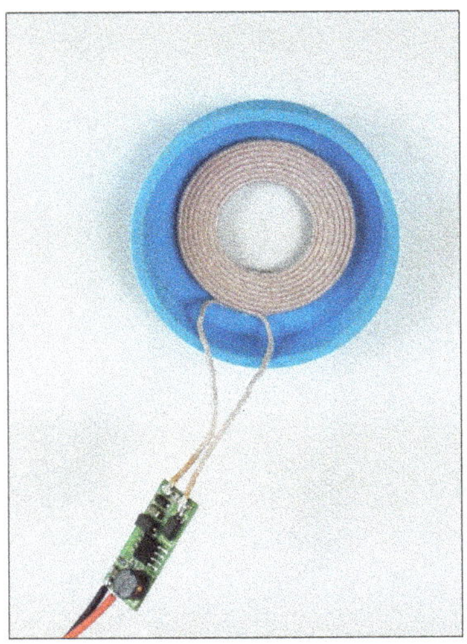

❺ 无线接收线圈的电路和连线从无线接收端盖板上的孔中穿出。

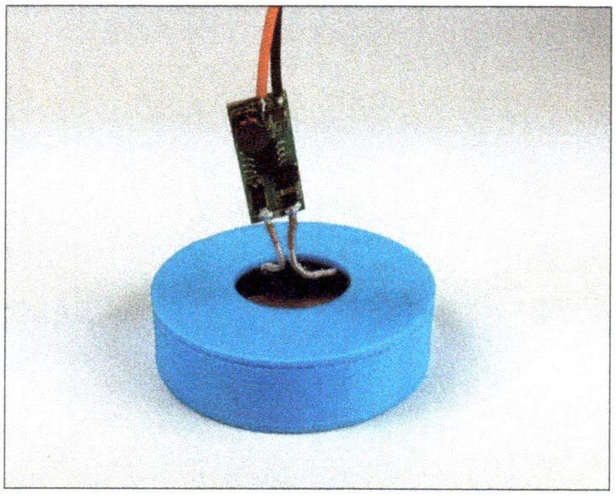

❻ 将无线接收线圈电路的连线从立柱穿出，与 130 电机的正负极焊接，再将 130 电机固定在立柱上，并安装风扇后面罩。

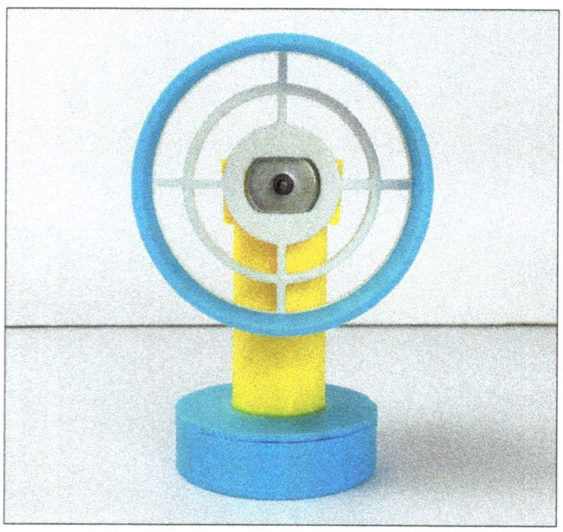

❼ 安装风扇扇叶及前面罩。

❽ 至此，我们的无线供电小风扇就完成了，来测试一下吧。

这个小风扇的功能非常简单，你可以在此基础上扩展出更多的功能，如摇头、调速等。

02 迷你交通信号灯

过马路时我们要观察交通信号灯，以便获取通行的相关信息，信号灯是无声的“交通警察”。人行道口的交通信号灯由红灯、黄灯、绿灯组成，红灯表示禁止通行，黄灯表示警示，绿灯表示准许通行，它们按设定的时间间隔依次轮换。人们遵循“红灯停、绿灯行”的交通规则安全、有序地通行，红灯、绿灯保持的时间就是人们等待或通行的时间。本节介绍一个单向交通信号灯模型的制作过程，它可实现红、黄、绿三盏灯间隔一定的时间分别亮灭。项目器材见表 2.1。

表 2.1 项目器材

名称	数量
LED	3（红、黄、绿各 1）
220Ω 电阻	3
BLE Romeo 控制板（兼容 Arduino）	1
杜邦线	若干

2.1 结构件建模

迷你交通信号灯的结构件包括灯头、灯柱、底座 3 部分。

2.1.1 灯头

1. 打开 SketchUp，单击菜单“相机”→“标准视图”→“顶视图”，绘制一个 25mm × 60mm 的矩形，然后选择 25mm 长的线条，右键单击鼠标，在弹出的快捷菜单中选择“拆分”，段数为 2。

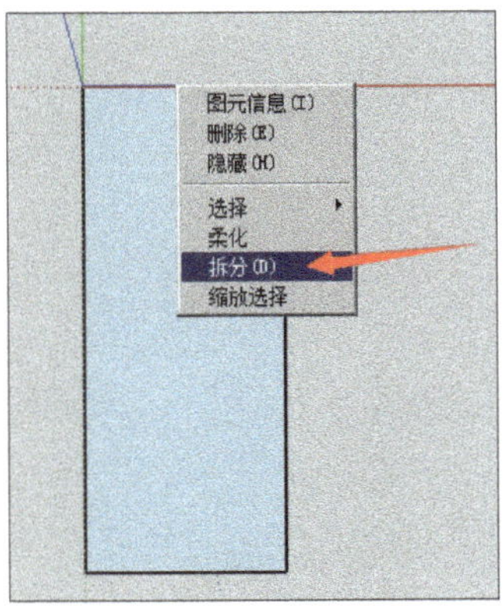

2. 使用直线工具，以刚拆分的中点为起点，绘制一条与 60mm 长的边平行的直线，与另一边相交。

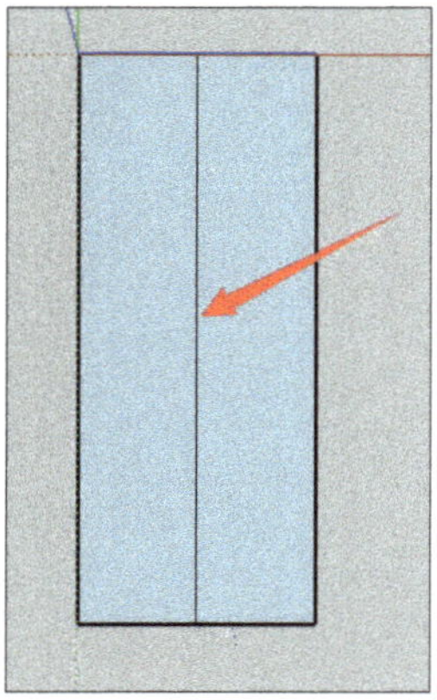

③ 选中刚绘制的中线，对其进行拆分，段数为 4，并分别以拆分出的 A、B、C 三点为圆心，绘制半径为 2.5mm 的圆。

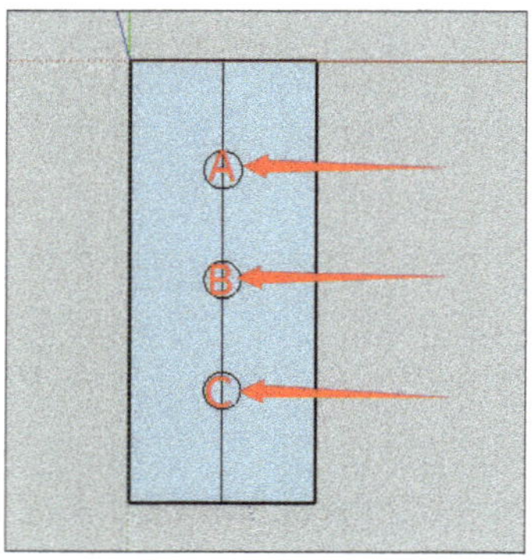

④ 使用选择工具删除不需要的线段，删除后如下图所示。

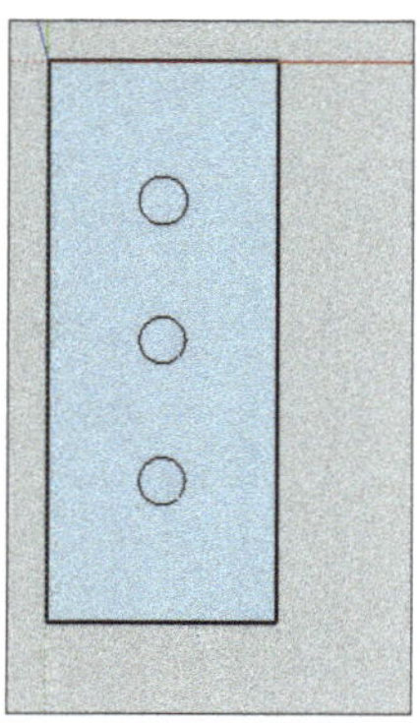

⑤ 使用环绕观察按钮对上图进行适当旋转，单击推拉工具对上图进行推拉操作，距离为 5mm。选中圆形中的底删除，使其成为通孔。

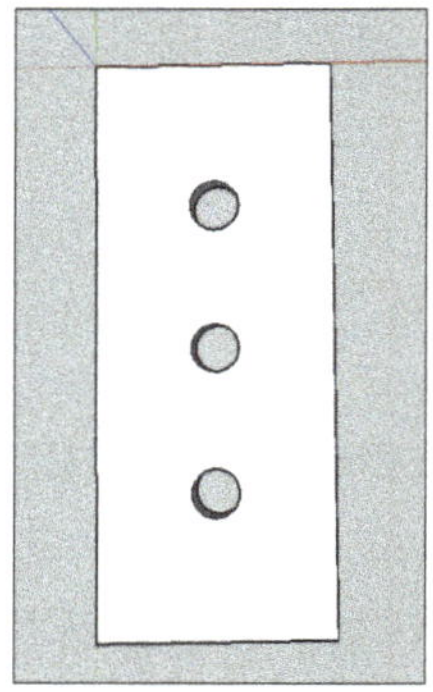

⑥ 使用偏移工具，对矩形外框进行偏移操作，距离为 2.5mm。

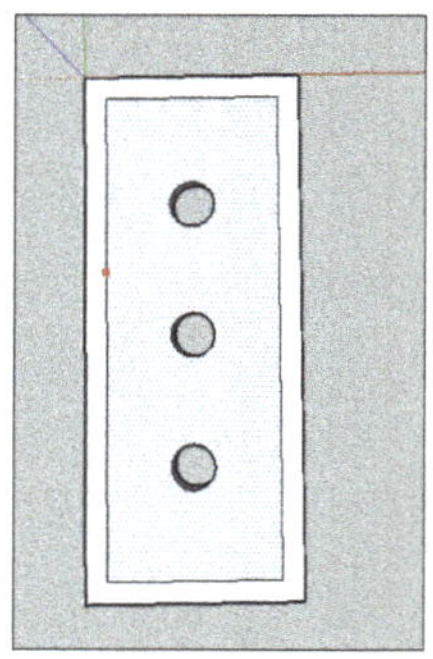

⑦ 使用推拉工具对外框进行推拉操作，推拉距离为 30mm。

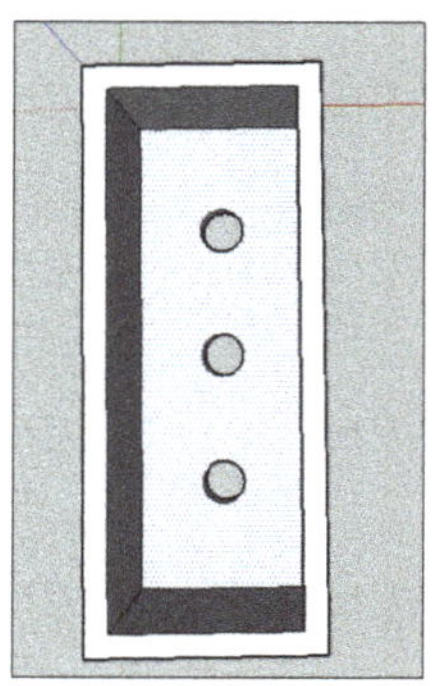

❽ 通过旋转观察按钮旋转模型，在其底部绘制半径为 8mm 的圆，再次使用推拉工具，为其底部开出一个圆孔。至此灯头部分绘制完毕。

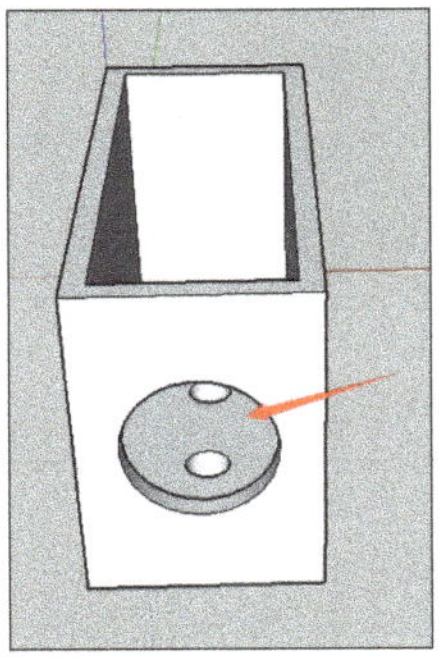

❾ 打印出的实物如下图所示。

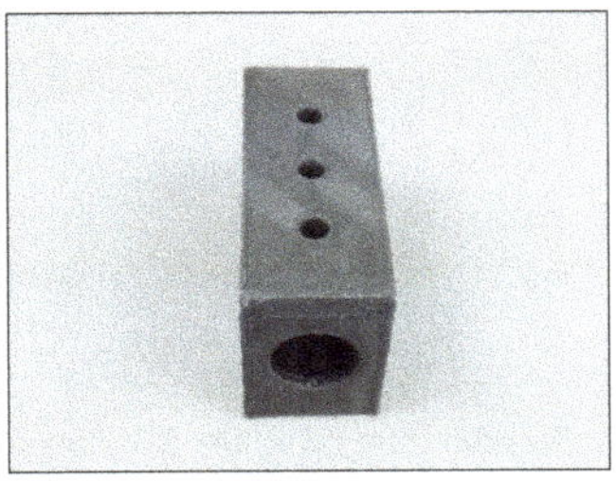

2.1.2 灯柱

❶ 切换到顶视图，用圆形工具绘制一个半径为 8mm 的圆形，修改其图元信息中的段为 99。使用偏移工具对圆形进行偏移，向外偏移 2mm，向内偏移 1mm。

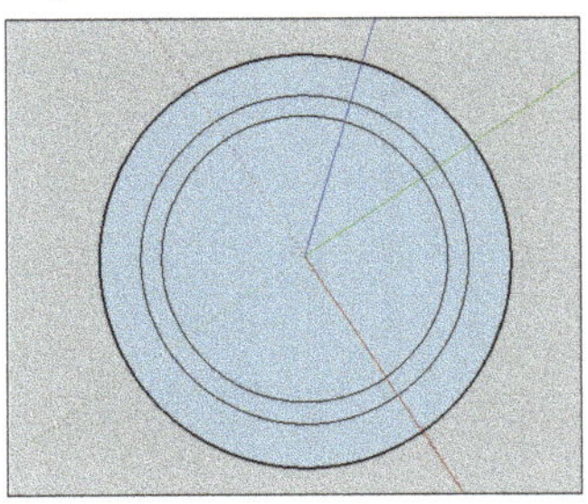

❷ 使用选择工具选中最内部的圆形，按 DEL 键删除。使用推拉工具对内环推拉，距离为 4mm。

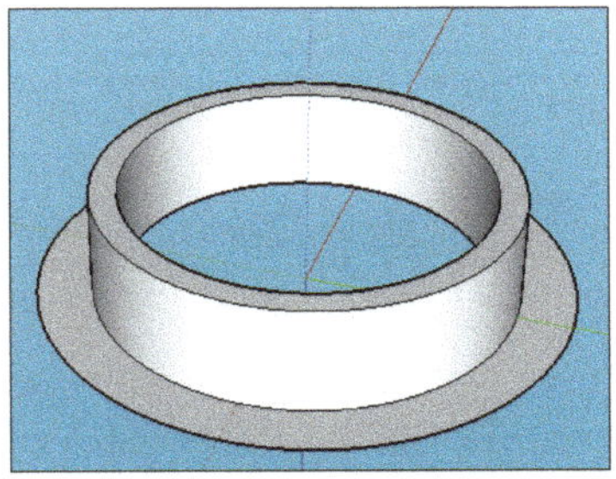

❸ 使用旋转观察按钮将上述形体翻转，发现其底部没有封闭。

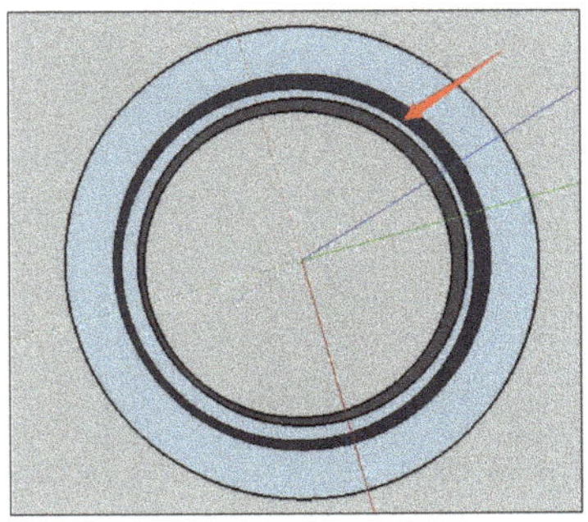

❹ 使用直线工具封闭底部后，删除不必要的线段，使其成为管状。注意下图中红色箭头所指的圆环此时不要删除。

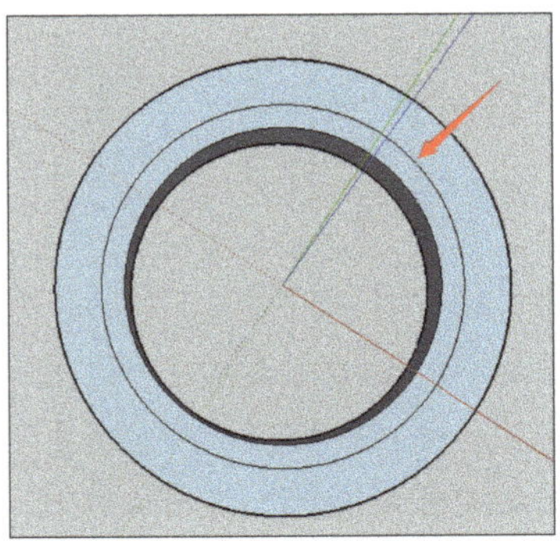

❺ 使用推拉工具对底部内外圆环分别进行拉伸操作，拉伸距离为 50mm 和 5mm。拉伸后的效果如下所示，灯柱的设计就完成了。

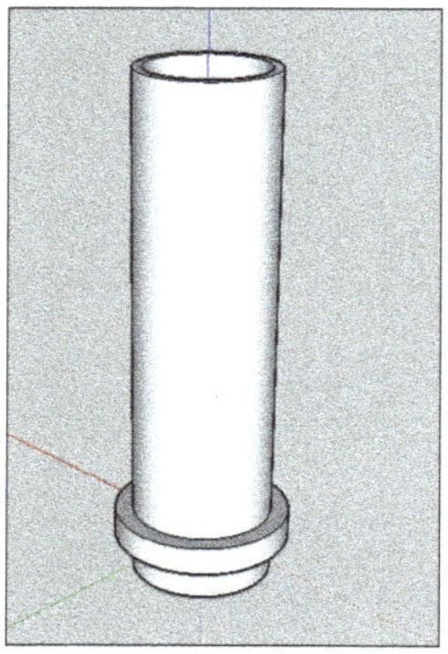

❻ 打印出的实物如下图所示。

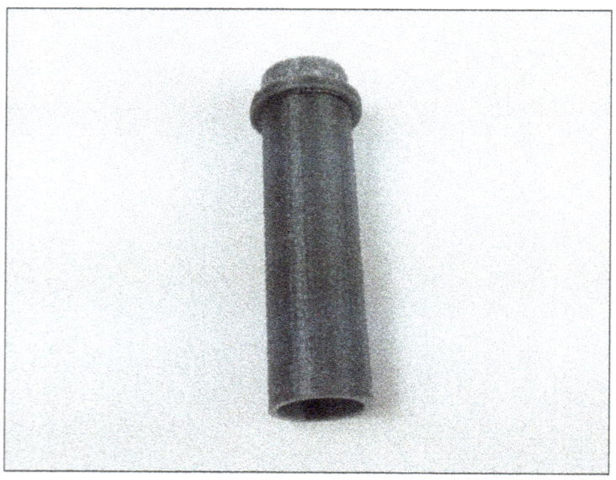

灯座请参照上述步骤自己设计，注意尺寸应与上述部件匹配。完成建模后，将模型文件转换成 G-code。

2.2 电路连接

将红色、黄色、绿色 LED 的正极分别连接 BLE Romeo 控制板的数字口 2、4、7，如图 2.1 所示。使用以下程序测试 3 个 LED 是否按顺序点亮、熄灭。

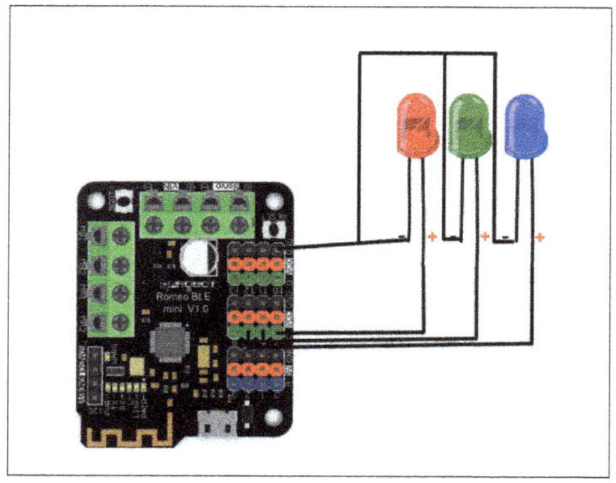

图 2.1　电路连接示意图

2.3 程序

```
void setup() {
  pinMode(2, OUTPUT);
  pinMode(4, OUTPUT);
  pinMode(7, OUTPUT);
}
void loop() {
  digitalWrite(2,HIGH);// 点亮 LED
  digitalWrite(4, LOW);// 熄灭 LED
  digitalWrite(7, LOW);
  delay(10000);
  digitalWrite(2, LOW);
  digitalWrite(4, HIGH);
  digitalWrite(7, LOW);
  delay(4000);
  digitalWrite(2, LOW);
  digitalWrite(4, LOW);
  digitalWrite(7, HIGH);
  delay(10000);
}
```

2.4 结构件组装

❶ 用电烙铁焊接 LED 和杜邦线，做出 LED 的延长线，注意要分别给 LED 引脚套上热缩管，做到正负极之间的电气隔离。

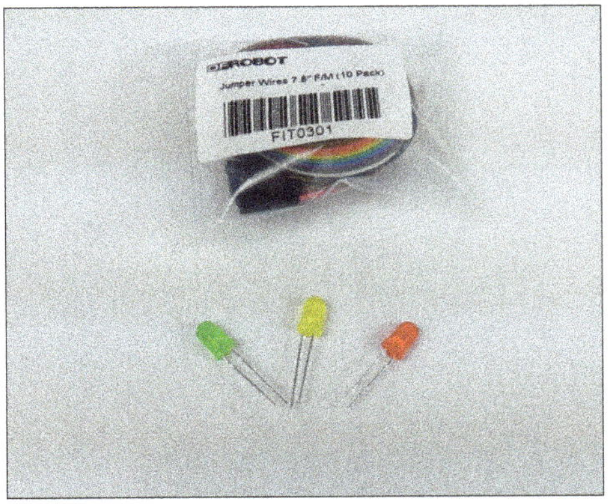

❷ 将灯头、灯柱组合到一起。

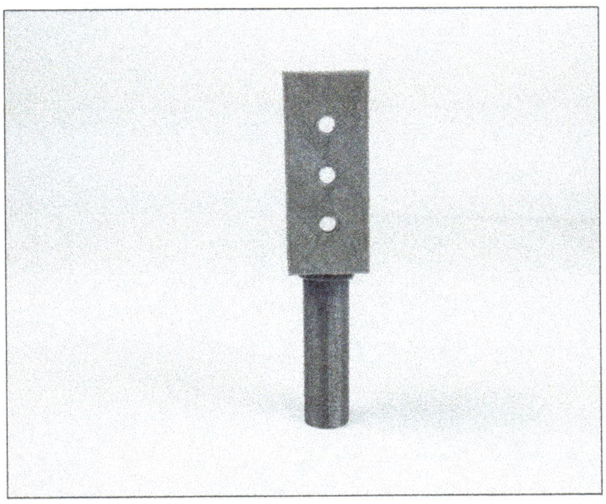

❸ 将 3 个 LED 安装到灯头的合适位置，杜邦线从灯柱中穿出。

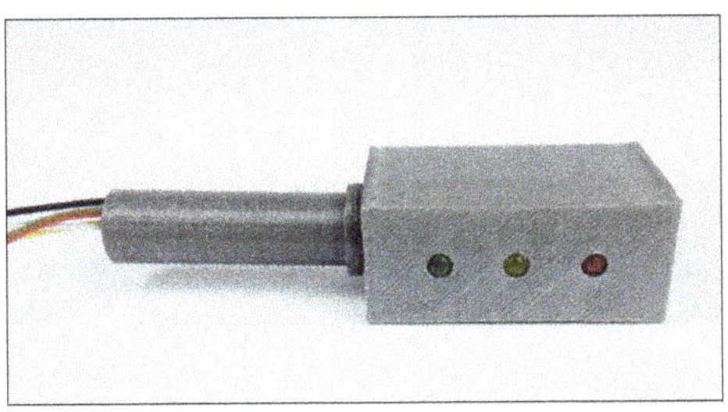

❹ 拿出底座，放入主控器，杜邦线与对应 I/O 口连接。

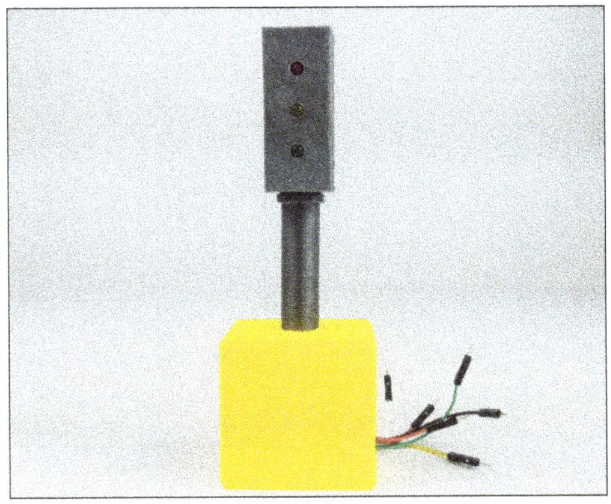

❺ 上电测试，看看你的红绿灯是否能正常运行。

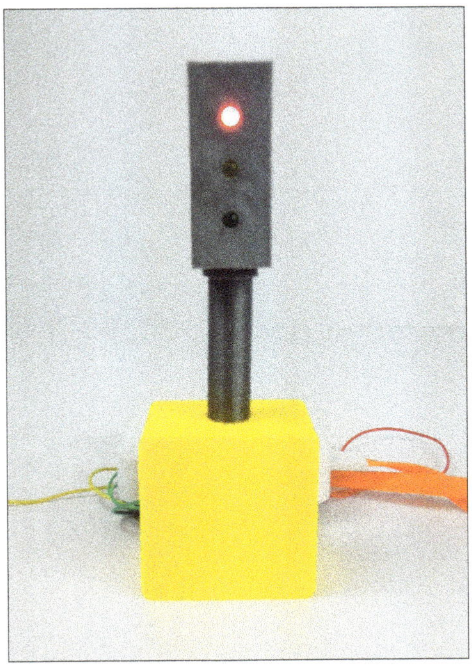

03 手势控制的台灯

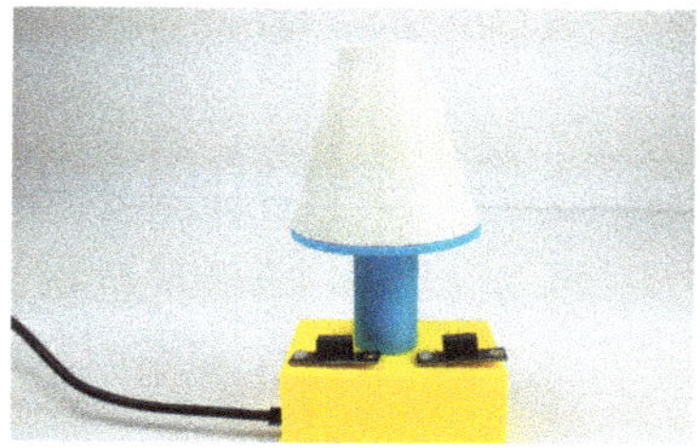

在一些科幻片中，我们经常见到体感控制，体感控制让人们可以很直接地使用肢体动作与周边的装置或环境互动，而无需使用任何复杂的控制设备。本节向大家介绍一个手势台灯的制作过程，它可实现从左向右挥手开灯、从右向左挥手关灯的功能。项目器材见表 3.1。

表 3.1 项目器材

名称	数量
LED（白色）	3
220Ω 电阻	3
BLE Romeo 控制板	1
防跌落传感器	2
杜邦线	若干

3.1 结构件建模

3.1.1 灯罩

❶ 打开 SketchUp 软件，单击菜单“相机”→“标准视图”→“顶视图”，绘制一个半径为 40mm 的圆形，使用选择工具选取圆形的边，右键单击鼠标，选择“图元信息”。

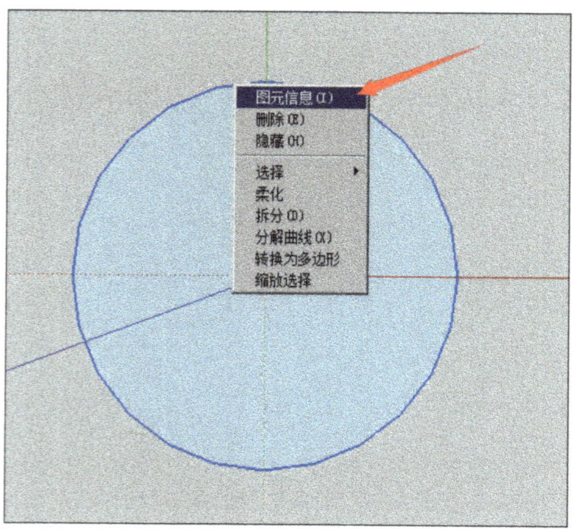

❷ 弹出下图所示的快捷菜单，在“段”后文本框中设置值为 99，这样圆形看起来更圆了。

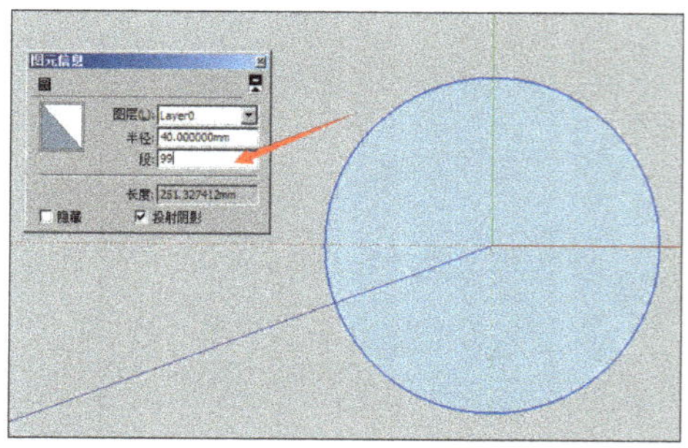

❸ 使用选择工具选取圆形内部区域，按 DEL 键删除，使其成为线条。

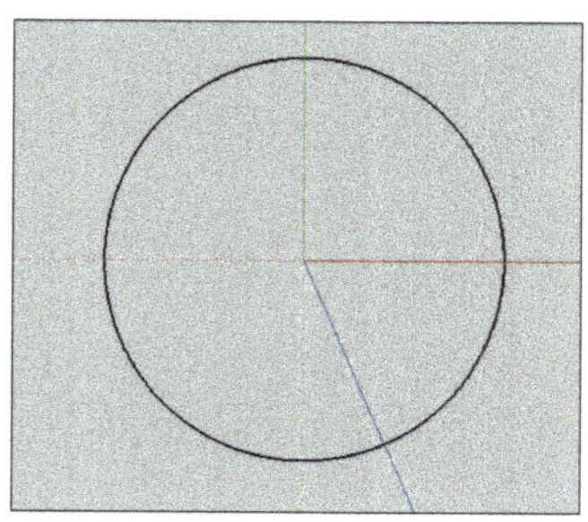

❹ 切换到等轴视图，使用铅笔工具绘制圆边上某点与圆心的连线。

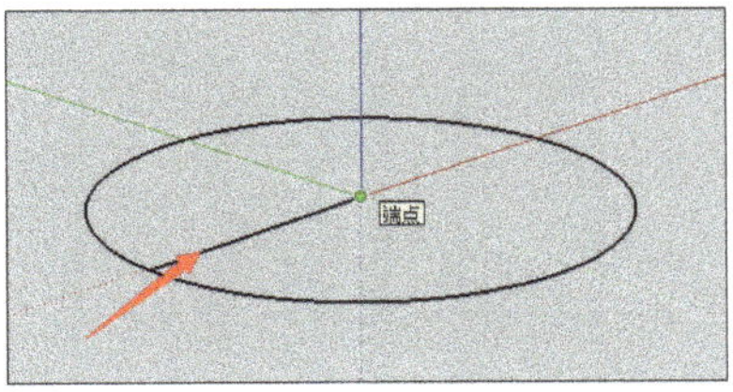

❺ 再使用铅笔工具以圆心为起点，沿着轴线方向绘制直线，高度为70mm。

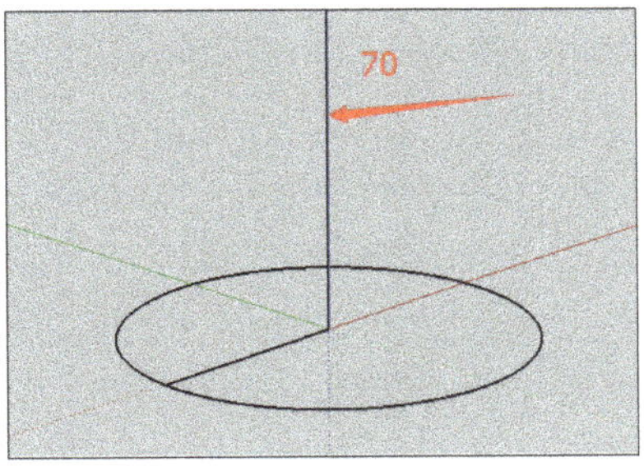

❻ 使用铅笔工具绘制直线，注意务必使直线与下方直线平行，长度为20mm。

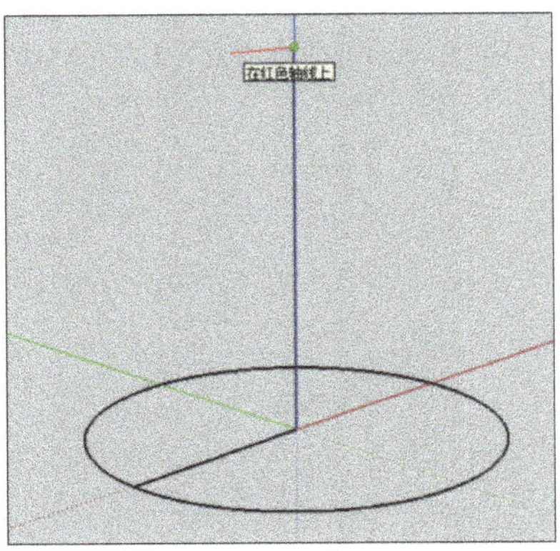

❼ 使用直线工具连接 A、B 两点使其成为封闭的梯形。

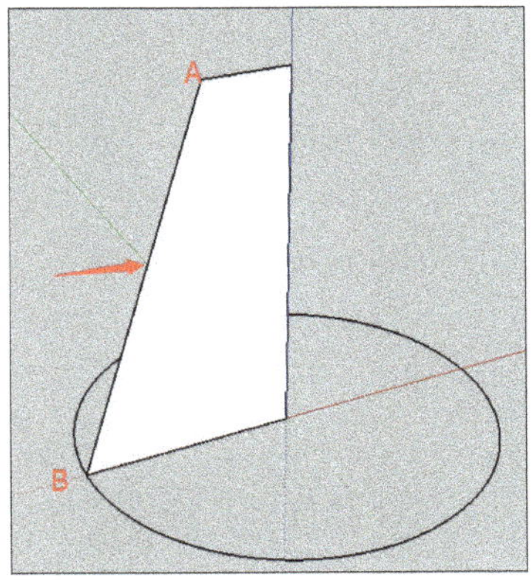

❽ 使用卷尺工具从圆心开始测量，在 *x* 轴方向 37mm 处做一个标记，在蓝轴方向 67mm 处做一个标记。

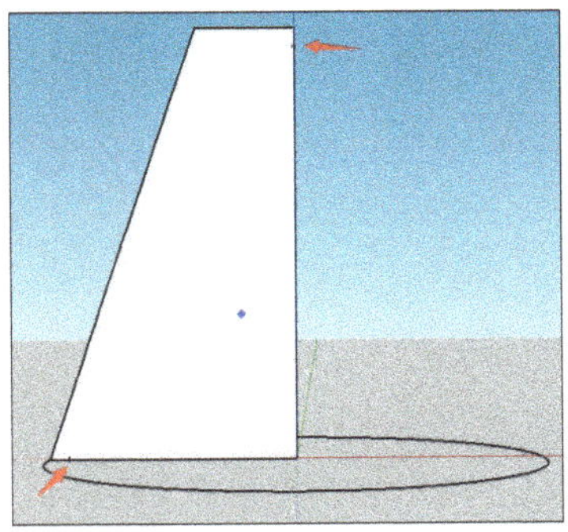

❾ 用直线工具绘制如下所示的线段。

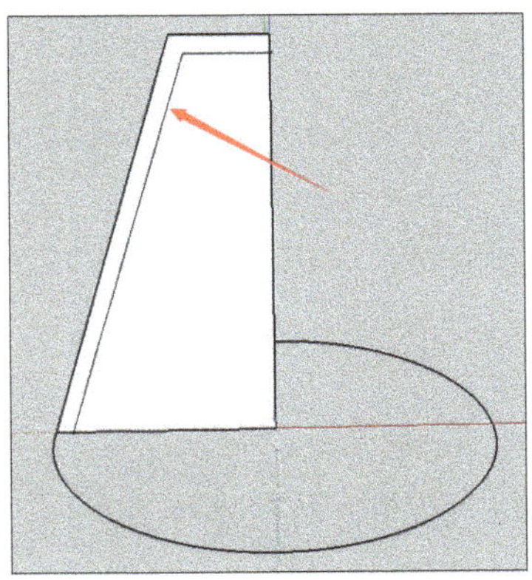

⑩ 使用选择工具选择内侧的梯形并删除，只留下下图所示区域。

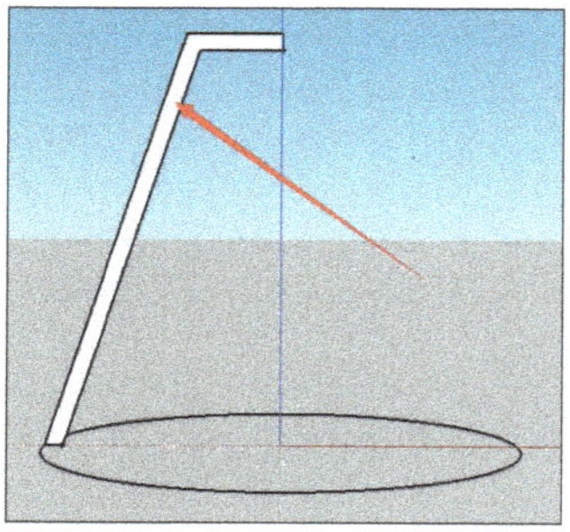

⑪ 选择路径跟随工具，使上述图形沿底部圆形旋转一周，完成灯罩的设计。

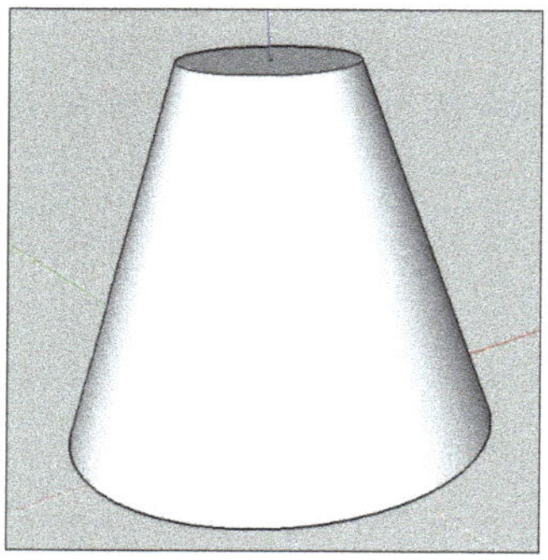

3.1.2 灯托

① 单击菜单“相机”→“标准视图”→“顶视图”。绘制一个半径为 40mm 的圆形，使用选择工具选取圆形的边，右键单击鼠标，选择“图元信息”，在弹出的快捷菜单中将“段”设为 99。使用推拉工具，将圆形拉伸 3mm。

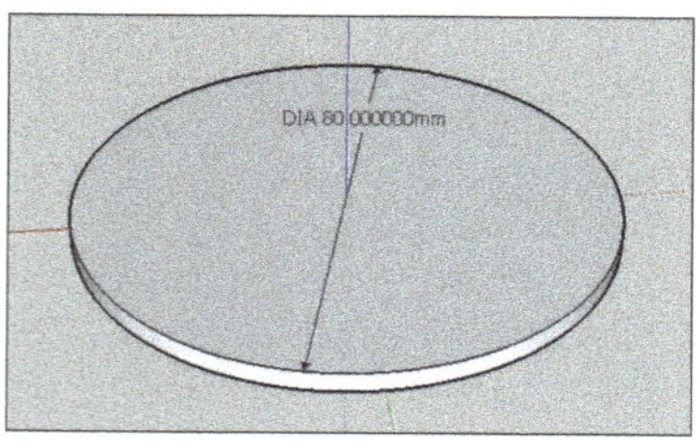

② 使用偏移工具，对圆柱上表面进行偏移，距离为 5mm，画出一个内圆。

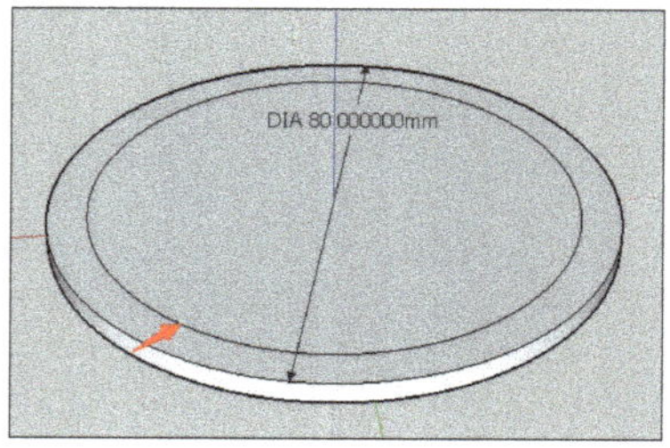

③ 使用推拉工具对内圆进行拉伸，高度为 3mm。

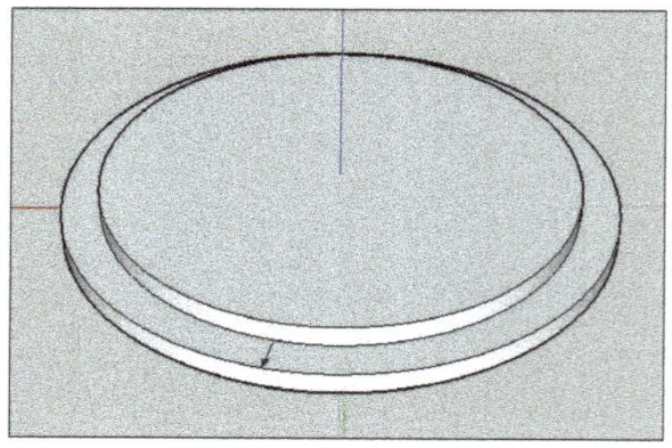

④ 使用偏移工具对内圆进行偏移，使其内部留出一个直径为 29mm 的圆形。

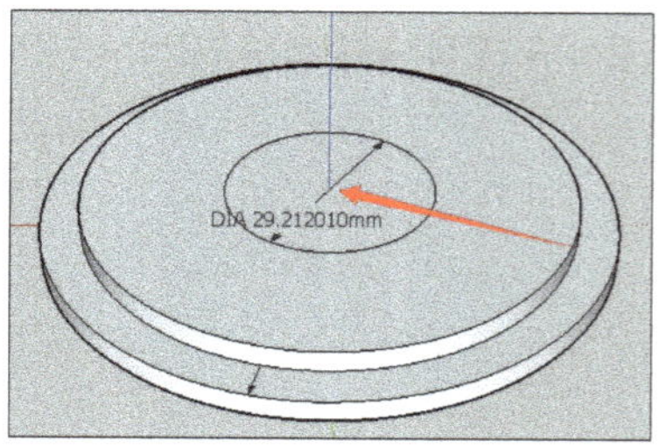

⑤ 使用推拉工具对内圆进行从上而下的推拉，直至出现下图所示的情景时松开鼠标。注意这一步很关键，推少了，不能为其开孔；推多了，下面会拉出圆柱。

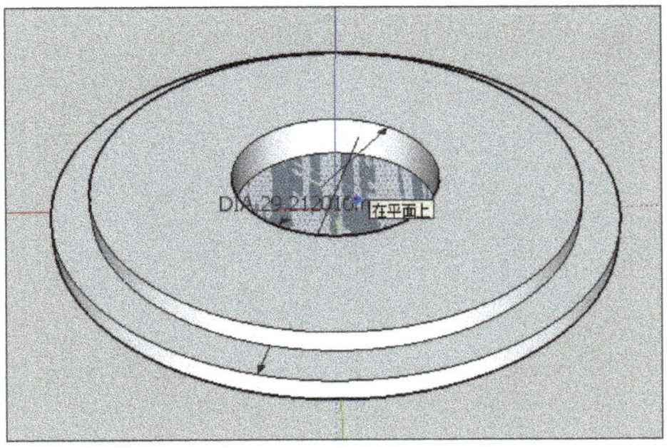

❻ 在灯托上留出透光孔。

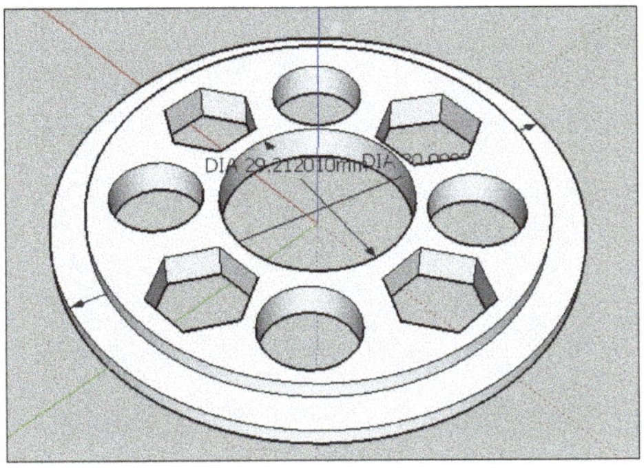

❼ 打印出的实物如下图所示。

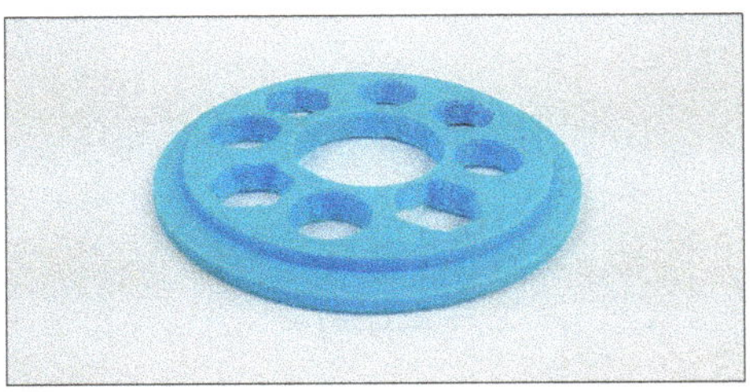

3.1.3 灯柱

❶ 切换到顶视图。绘制一个半径为14mm的圆形，使用选择工具选取圆形的边，单击鼠标右键，选择“图元信息”，在弹出的快捷菜单中将“段”设为99。使用偏移工具对圆形进行偏移，距离为2.5mm。

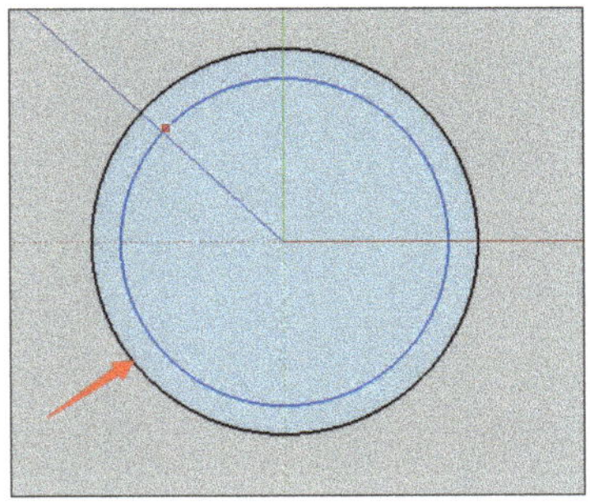

❷ 再次使用偏移工具向内进行偏移，距离为1.8mm。

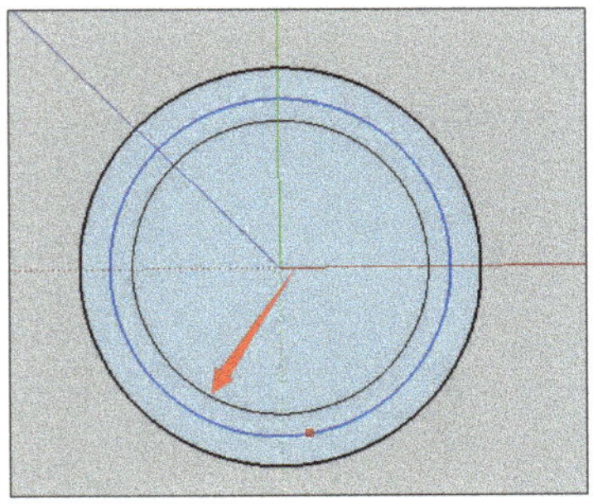

❸ 选中内部的圆形，按DEL键删除。使用推拉工具分别对外圈的圆形和内圈的圆形向上拉伸，距离分别为5mm和20mm。

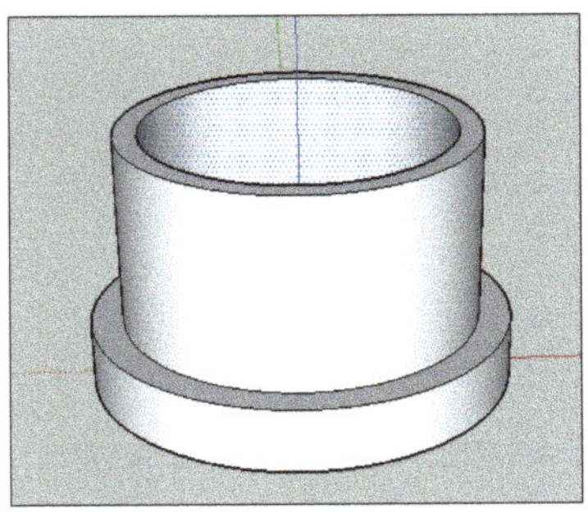

❹ 利用环绕观察工具对灯柱进行观察，发现其底部镂空了，使用直线工具，对底部进行封闭。

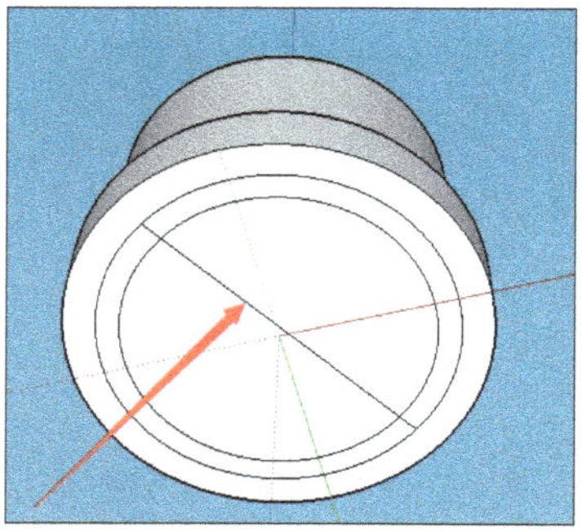

❺ 用选择工具分别选中直线和中心的圆形，将其删除，达到如下图所示的效果。

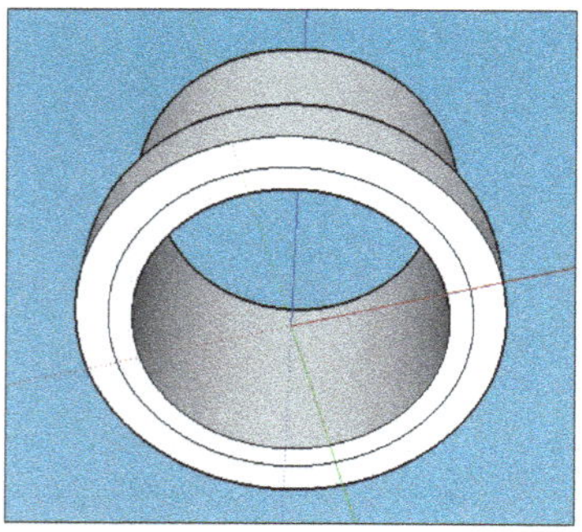

❻ 使用推拉工具，对内圈的圆形进行推拉，距离为 45mm，这样灯柱就设计完成了。

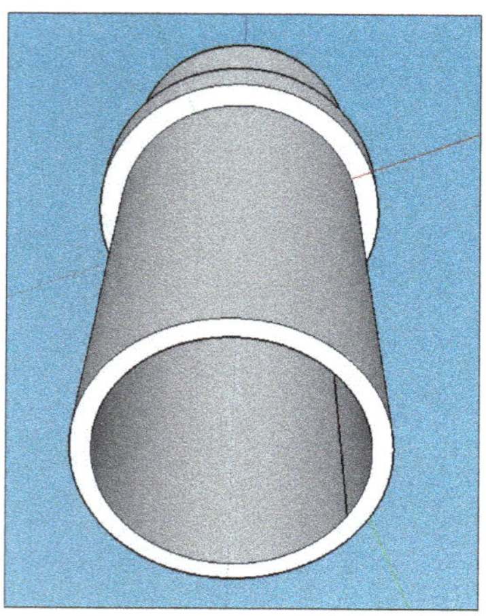

❼ 打印出的实物如下图所示。

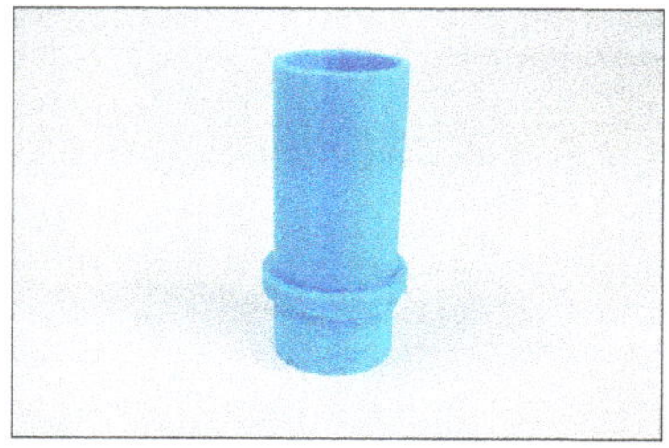

3.1.4 灯座

❶ 切换到顶视图。使用矩形工具绘制一个长、宽分别为 90mm、50mm 的矩形，选择推拉工具对其拉伸，拉伸距离为 3mm。

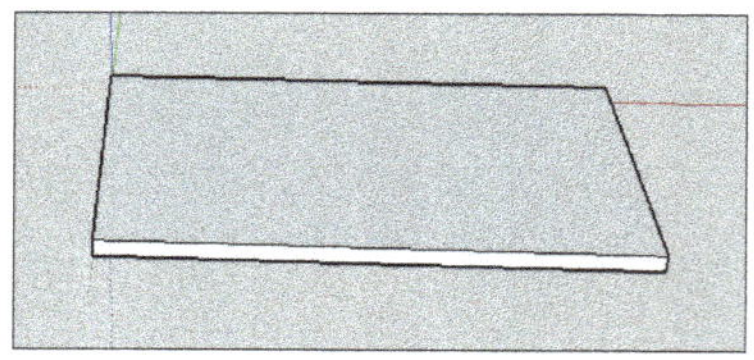

❷ 选择偏移工具对上表面进行偏移，距离为 3mm。

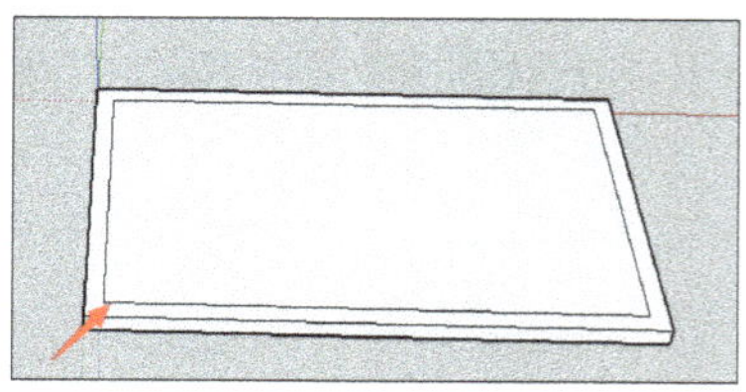

❸ 选中拉伸工具对其外框进行拉伸，距离为 35mm。

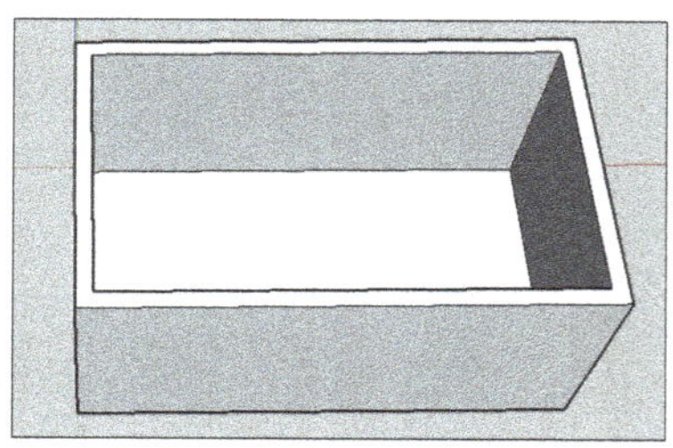

❹ 使用圆形工具绘制半径为 10mm 的圆形，再用矩形工具绘制两个长、宽分别为 30mm、10mm 的矩形，具体如下图所示。

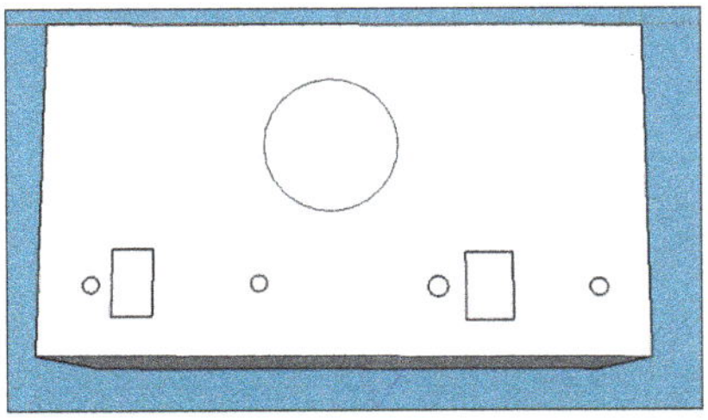

❺ 选择推拉工具，对上图中画出的圆形及矩形进行推拉，使其成为通孔。方孔用于安装防跌落传感器，圆孔为安装传感器用的螺丝孔。

3.2 电路连接

按图 3.1 连接电路。

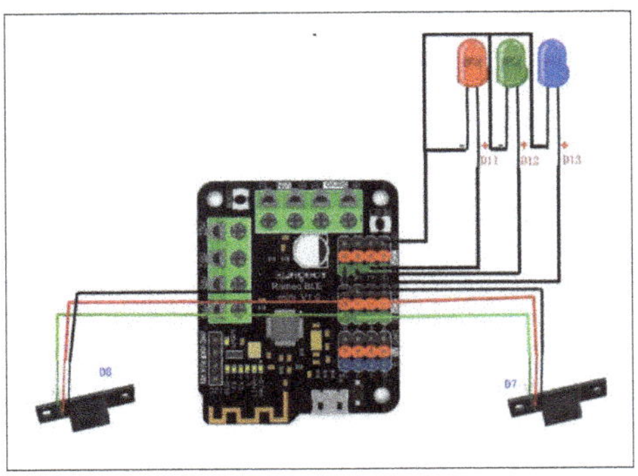

■ 图 3.1 电路连接示意图

3.3 程序编写

手势为从左到右挥手时，左边的传感器会先检测到手，然后右边的传感器会检测到手；手势为从右到左挥手时，右边的传感器会先检测到手，然后左边的传感器会检测到手（见图 3.2）。结合我们设定的从左向右挥手开灯、从右向左挥手关灯的功能，我们就可以写出程序了。

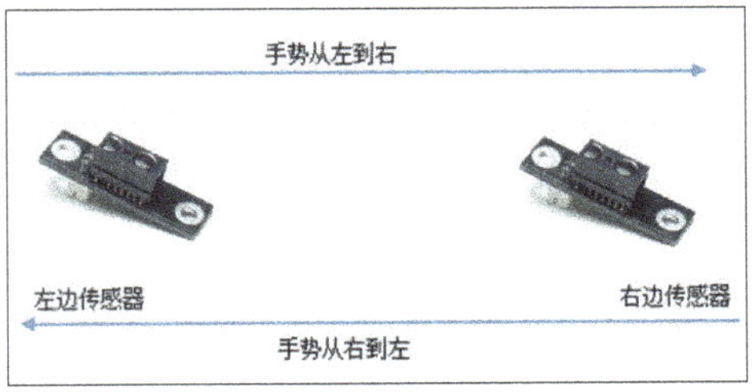

■ 图 3.2 手势与传感器检测的关系

```
void setup()
{
  pinMode( 7, INPUT);
  pinMode( 8, INPUT);
  pinMode(11, OUTPUT);
  pinMode(12, OUTPUT);
  pinMode(13, OUTPUT);
}
void loop()
{
  if (!( digitalRead(7) ))
  {
    delay( 100 );
    if (( !( digitalRead(8) ) &&
digitalRead(7) ))
    {
      digitalWrite( 11 , HIGH );
      digitalWrite( 12 , HIGH );
      digitalWrite( 13 , HIGH );
    }
  }
  if (!( digitalRead(8) ))
  {
    delay( 100 );
    if (( !( digitalRead(7) ) &&
digitalRead(8) ))
```

```
      {
        digitalWrite( 11 , LOW );
        digitalWrite( 12 , LOW );
        digitalWrite( 13 , LOW );
      }
    }
  }
```

3.4 结构件组装

❶ 将3颗白色LED的负极拧在一起，用电烙铁将它们与一根杜邦线焊接在一起引出，3个正极分别用1根杜邦线引出。

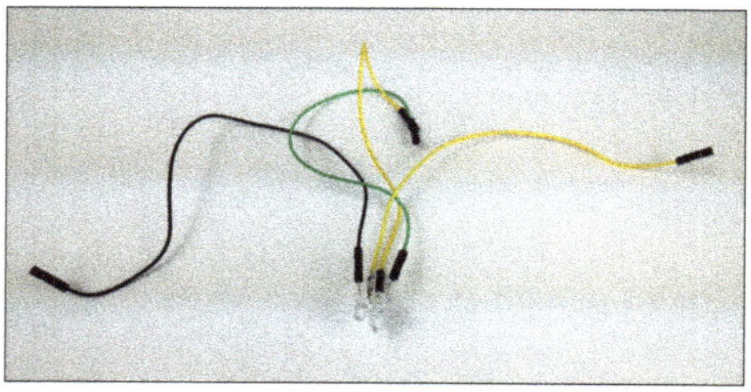

❷ 用热缩管将LED引脚裸露的金属部分封闭，以免相互搭线。

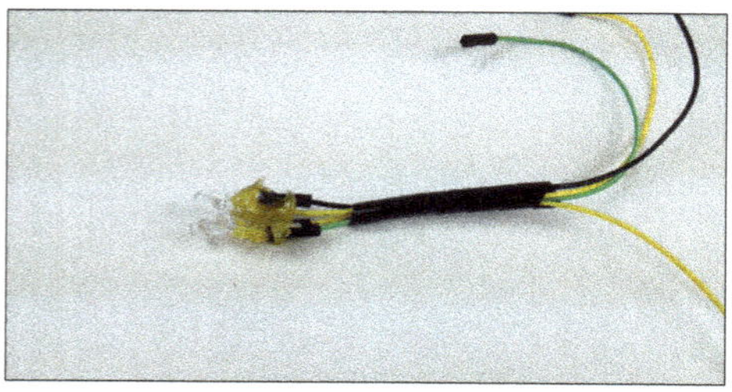

❸ 取出灯托、灯柱组合到一起，将刚制作好的LED连线从灯柱中穿出。

❹ 将两个防跌落传感器按底座对应的孔位安装上去，并用螺丝固定。电路连接请参照图3.1完成。

第 2 章

生活 DIY

04　车载版主动式空气净化器

05　简易摄影棚

06　桌面小冰箱

07　桌面级制冷风扇

04 车载版主动式空气净化器

空气净化器是指能够吸附、分解或转化各种空气污染物（一般包括粉尘、甲醛等），有效提高空气清洁度的产品。

虽然市场上空气净化器的种类、名称、功能等不尽相同，但是从原理上来说，也没有那么多种类，主要可以分为两种：一种是被动吸附过滤式的，另一种是主动式的。

被动吸附过滤式空气净化器用风机将空气抽入机器，然后通过内置的各种滤网（HEPA 滤网、活性炭滤网、静电吸附滤网等）过滤粉尘、去除异味，有些还附加有紫外线杀菌消毒、光触媒除甲醛等功能。

主动式空气净化器摆脱了风机与滤网的限制，不用被动地等空气被抽送进来过滤，再通过风机排出，而是主动地向空气中释放净化、灭菌的因子，让其在空气中弥漫、扩散，达到净化效果。今天我们要制作的负离子空气净化器就属于主动式空气净化器。项目器材见表 4.1。

4.1 作品设计

该空气净化器用于汽车内空气净化，使用激光 PM2.5 空气净化器检测车内空气 PM2.5 浓度等指标，并在 LCD 屏上显示；

表 4.1 项目器材

■ Arduino Uno 控制板教育版

■ Arduino 空气质量监测仪（PM2.5、甲醛、温 / 湿度传感器）

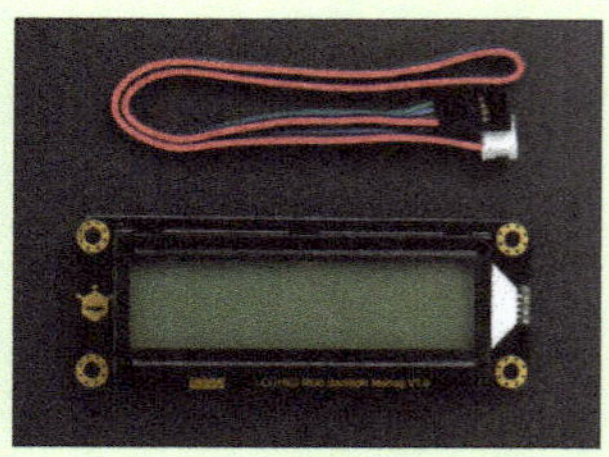

■ Gravity: I²C LCD1602 彩色背光液晶屏

■ 继电器模块

■ XL6009 DC-DC 升压电源稳压模块，输出可调 5/6/9/12V 升 24V，电流 4A

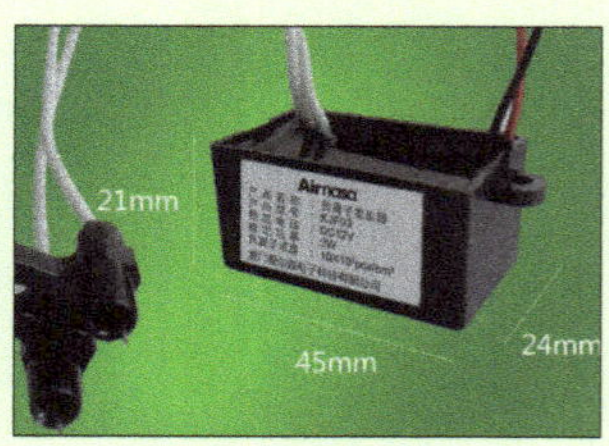

■ DC12V 负离子负离子发生器

■ 图 4.1 检测及显示部分的电路

当 PM2.5 浓度超过设定值后，LCD 屏颜色改变，同时启动负离子装置，释放负离子，降低空气中 PM2.5 的含量。

4.2 制作过程

4.2.1 电路连接

检测及显示部分的电路连接如图 4.1 所示。

由于使用的是教育版的 Arduino Uno 控制板，我们可以摆脱扩展板，直接连接各种传感器。LCD1602 彩色背光液晶屏通过 I^2C 接口与控制板连接，如图 4.2 所示。

检测部分使用的激光 PM2.5 传感器通过 4 根母 - 母头杜邦线与控制板连接，如图 4.3 所示。PM2.5 传感器的 TX、RX、5V、GND 分别接入 Aruduino Uno 的 RX、TX、+5V、GND。

■ 图 4.2 LCD1602 彩色背光液晶屏通过 I^2C 接口与控制板连接

■ 图 4.3 激光 PM2.5 传感器通过 4 根母 - 母头杜邦线与控制板连接

由于此次选用的负离子模块工作电压为12V，而锂电池电压为7.4V，所以使用了升压模块。将电池与升压模块连接起来，电源的红色线接升压模块的IN+，黑色线接升压模块的IN-，如图4.4所示。

■ 图4.4 将电池与升压模块连接起来

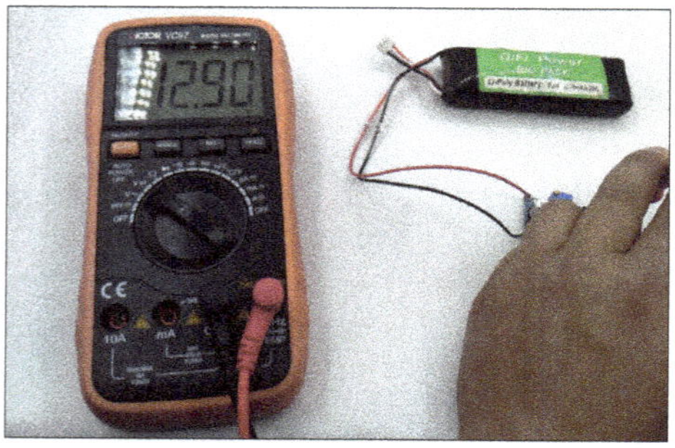

■ 图4.5 通过调整升压模块上的旋钮，将电压升至12V

拿出万用表，分别连接升压模块的OUT+、OUT-，通过调整升压模块上的旋钮，将电压升至12V，如图4.5所示。

将升压模块的OUT+、OUT-与继电器模块的COM、NC连接，同时将继电器模块的3Pin接口与Arduino Uno的数字口8连接，如图4.6所示。这就组成了处理部分。

4.2.2 外壳设计

此次设计外壳时，我把检测与显示部分和处理部分做了隔离，分成上下两层制作。放置检测与显示部分的底层外壳3D模型与实物如图4.7所示，放置处理部分的顶层外壳3D模型与实物如图4.8所示。

■ 图4.6 将继电器模块与升压模块、Arduino Uno连接

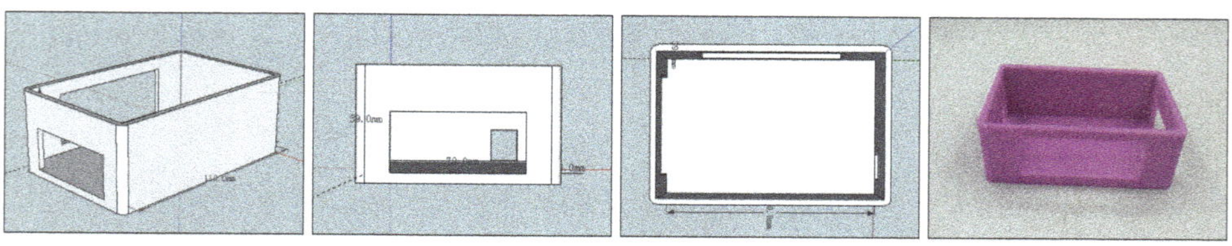

■ 图4.7 底层外壳3D模型与实物

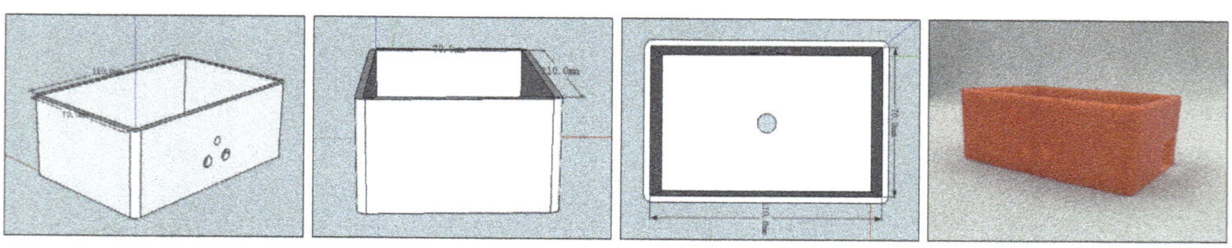

■ 图4.8 顶层外壳模型与实物

4.2.3 器材安装

❶ 将检测与显示部分的电路放入底层模型中。

❷ 将处理部分电路放入顶层模型中。

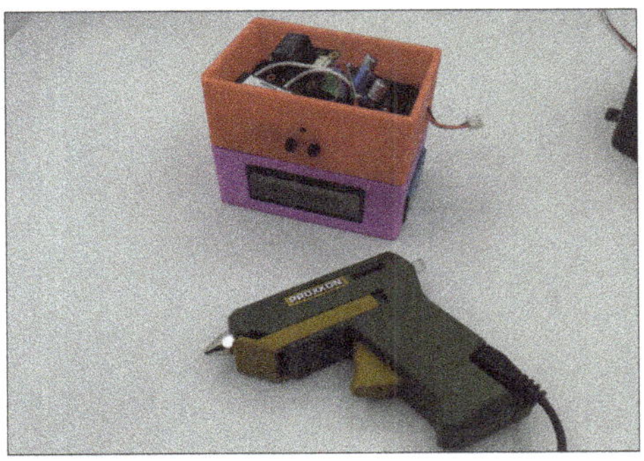

❸ 用热熔胶为焊点部分做电气隔离。

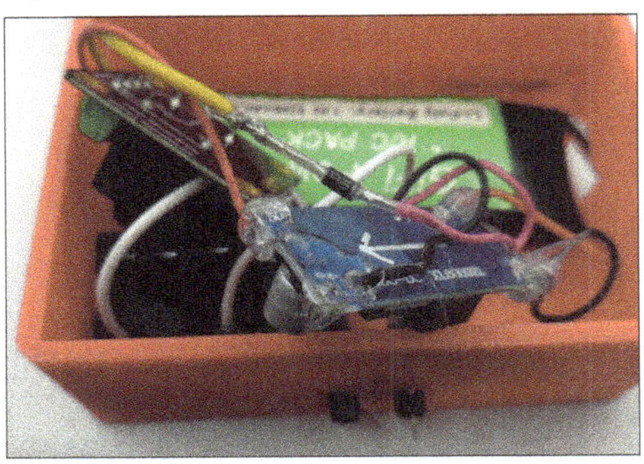

❹ 用 AB 胶将顶层和底层模型粘在一起，可用热风枪加速 AB 胶的固化。

❺ 上电测试。

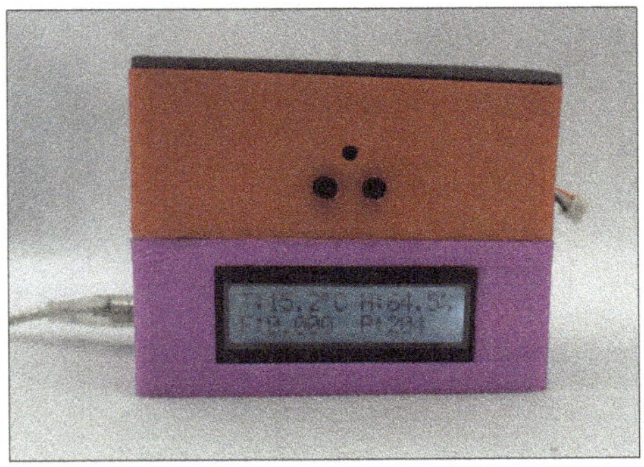

05 简易摄影棚

写教程时总免不了要拍摄一些中间过程图和作品效果图，但有时由于光线等外在条件的限制，拍摄出来的图片很不理想。为了让照片显得更加清晰、明亮、背景干净，我决定搭建一个简易摄影棚用于拍摄物品。最初设计用 Arduino 控制两路继电器，控制 LED 灯来照明，后来又加上蜂巢云台，通过红外遥控来实现这些功能（见图 5.1）。不过由于光源的问题，拍摄的照片还是让人难以接受。针对以上问题，我网购了一个摄影棚加以改造，该摄影棚可以通过红外遥控控制灯光，还可以控制云台转动拍摄视频（见图 5.2）。项目器材见表 5.1。

表 5.1 项目器材

名称	数量
Arduino Uno 控制板教育版	1
IR Kit 红外遥控套件	1
数字继电器模块（Arduino 兼容）	1
全方位蜂巢云台	1
舵机延长线	2

图 5.1 DIY 的拍摄装置

图 5.2 简易摄影棚

5.1 组装摄影棚

❶ 套件中有 4 条 LED 灯带。

❷ 下图所示为结构支撑杆。

❸ 组装结构框架。

❹ 安装遮光罩。

❺ 安装背景布。

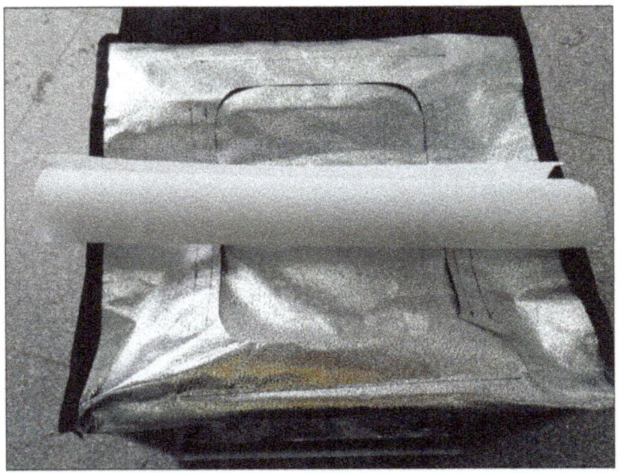

❻ 安装 LED 灯带。

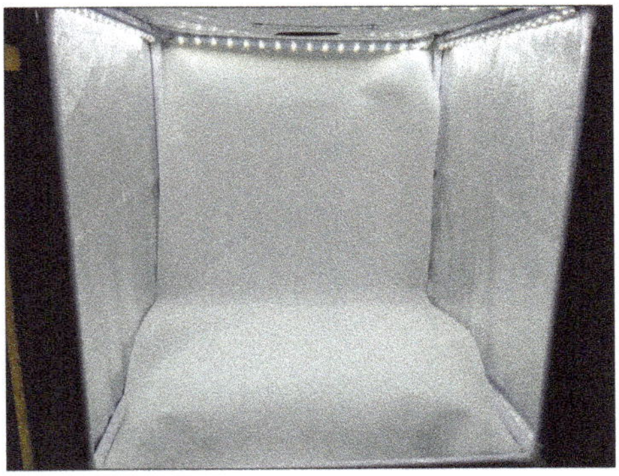

5.2 云台的安装

❶ 将舵机按正确方向安放在云台中，并将云台底部用螺丝固定，封闭云台。

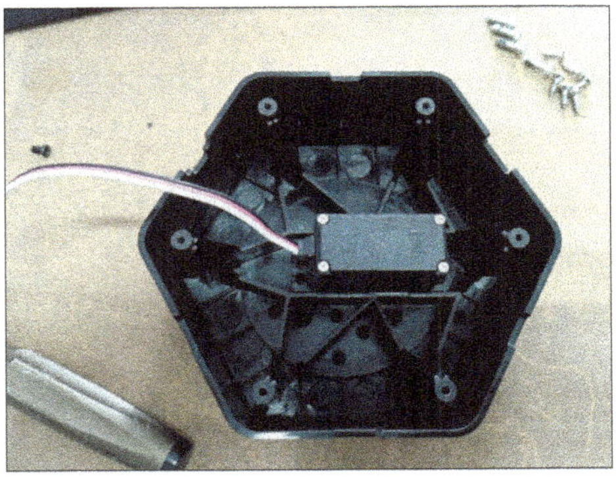

❷ 将滚针轴承安放在云台上。

❸ 将云台转盘安装在云台上。

5.3 外壳建模及打印

❶ 外壳分为两部分，都比较简单。主体是个方盒子，侧面开出接口的孔，底上设计出安装 Arduino 控制板的螺丝孔即可。

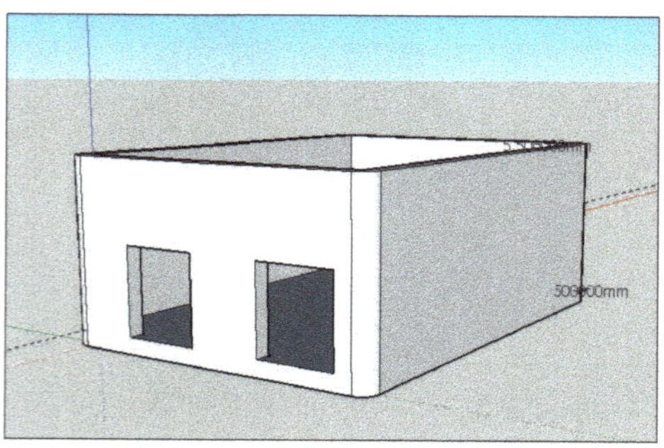

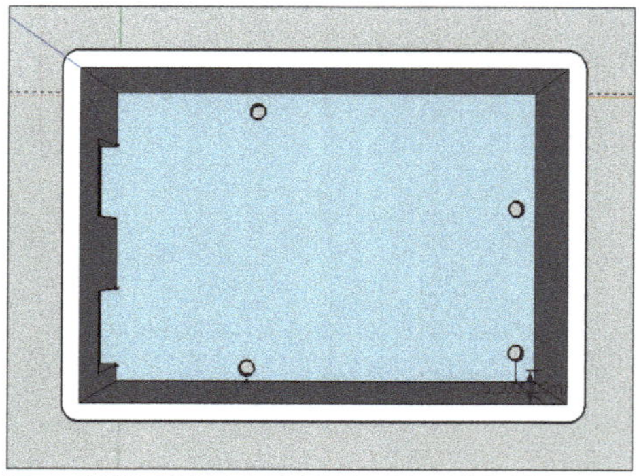

❷ 盖板带有突出的边沿，可以扣在主体上，上面也要开孔，用于穿出连线。

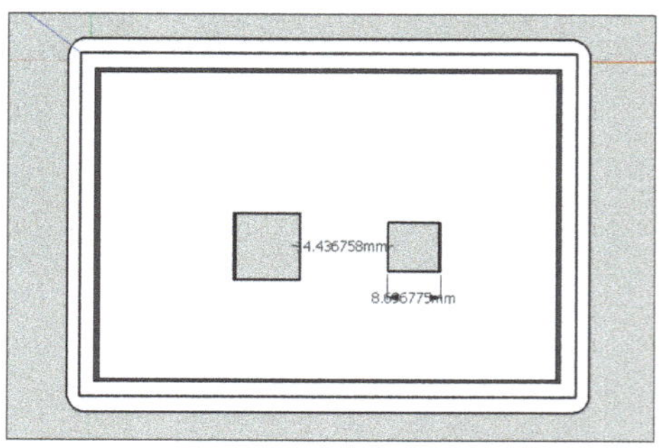

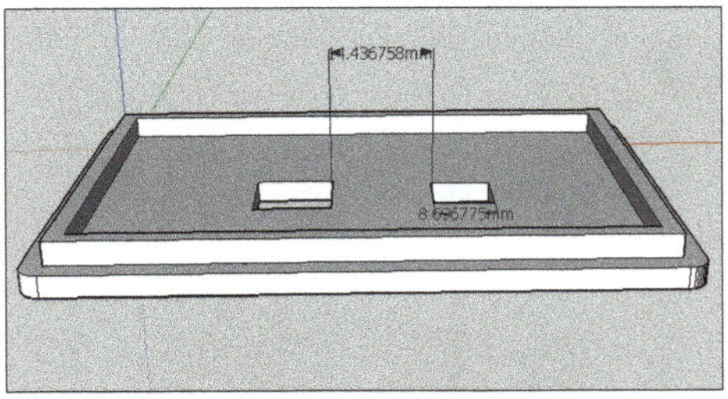

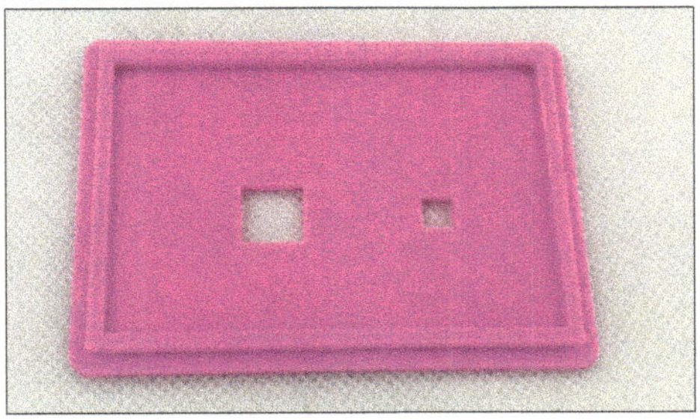

5.4 电路连接

电路连接示意图如图 5.3 所示。

5.5 代码编写

运行 Example 中的 IRrecvDemo 代码即可。如果没有加载该库，请先加载库。下载上述代码后，打开 Arduino IDE 的串口监视器（Serial Monitor），设置波特率为 9600，与代码中的 Serial.begin(9600) 相匹配。设置完成后，将 Mini 遥控器对着红外接收管的方向，按任意按钮，我们都能在串口监视器上看到相对应的代码。如按数字“0”，接收到对应的 16 进制代码是 FD30CF。每个按钮都有一个特定的 16 进制代码。如果按住一个键不放，就会出现 FFFFFFFF。在串口中，如果接收正确，应该收到以 FD- 开头的 6 位数。如果遥控器没有对准红外接收管，可能会接收到错误的代码。我们使用了开关按钮和 VOL+ 按钮，对应的 16 进制代码分别为 0xFD00FF 和 0xFD807F。

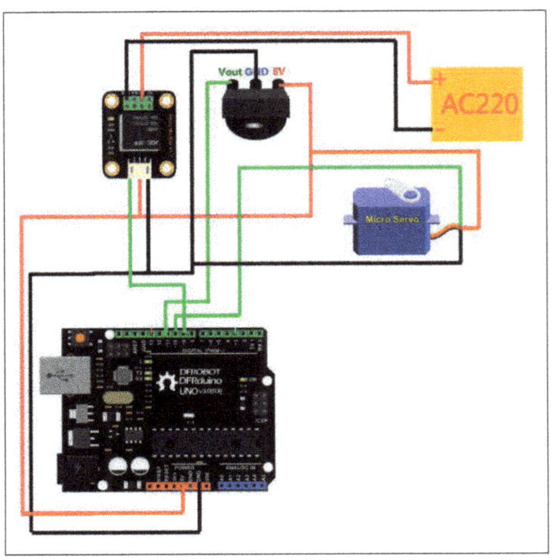

■ 图 5.3 电路连接示意图

```
#include <Servo.h>
Servo myservo;
int pos = 0;
#include <IRremote.h>
int RECV_PIN = 11;
int leftPin = 9;
boolean leftState = LOW;
boolean rightState = LOW;
IRrecv irrecv(RECV_PIN);
decode_results results;
void setup(){
  Serial.begin(9600);
  irrecv.enableIRIn();
  pinMode(leftPin,OUTPUT);
  pinMode(rightPin,OUTPUT);
  myservo.attach(10);
}
void loop() {
  if (irrecv.decode(&results)) {
    Serial.println(results.value, HEX);
    if(results.value == 0xFD00FF){
      leftState = !leftState;
      digitalWrite(leftPin,leftState);
    }
    if(results.value == 0xFD08F7){
      for(pos=0; pos<180; pos+=1){
        myservo.write(pos);
        delay(200);
      }
    }
```

```
    if(results.value == 0xFD8877){
      for(pos = 180; pos>=1; pos-=1){
        myservo.write(pos);
        delay(200);
      }
    }
    irrecv.resume();
  }
}
```

5.6 安装调试

❶ 将继电器与摄影灯电源开关相连。

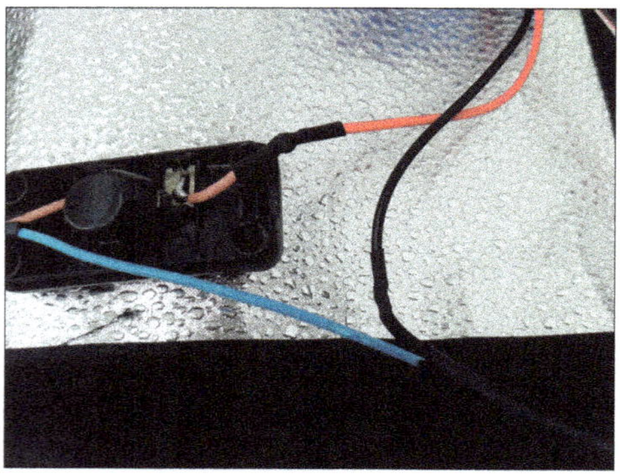

❷ 将舵机延长线一端插入 Arduino 的 D10 口，另一端与舵机数据线相连。

❸ 以下是用这个简易摄影棚拍摄的一些样片，拍摄工具为红米 4 手机。

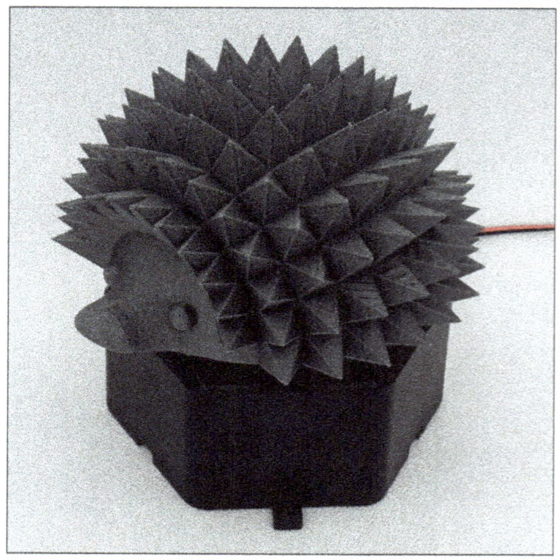

06 桌面小冰箱

炎炎夏日，酷热难耐，对于我这样办公室没有空调的人来说，如果能喝上一口冰镇的饮料，也是一件美好的事情。那么下面就让美好的事发生吧。我将使用 DH11 温 / 湿度传感器及 PTC 制冷片制作一个简易桌面小冰箱。项目器材见表 6.1。

表 6.1 项目器材

名称	数量
PTC 制冷片	1
12V 开关电源	1
BLE Romeo 控制板（兼容 Arduino）	1
DH11 温 / 湿度传感器	1
I^2C LCD1602 液晶模块	1
光耦继电器	1
杜邦线	若干

6.1 结构建模

本作品的结构模型由箱体（左右两部分）、温度数显及主控盒两部分构成。

由于 3D 打印机打印尺寸的限制，我们将箱体分为 2 部分建模和打印，其模型如图 6.1 所示，打印出来的实物如图 6.2 所示。

对于温度数显及主控盒，先绘制如图 6.3 所示的平面图形（具体尺寸见图），再

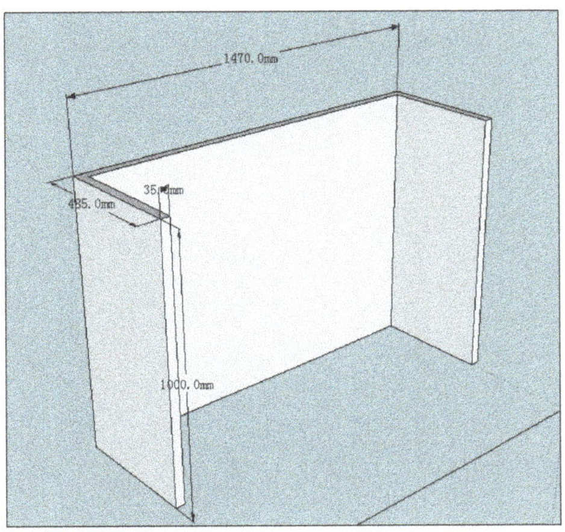

图 6.1 箱体模型

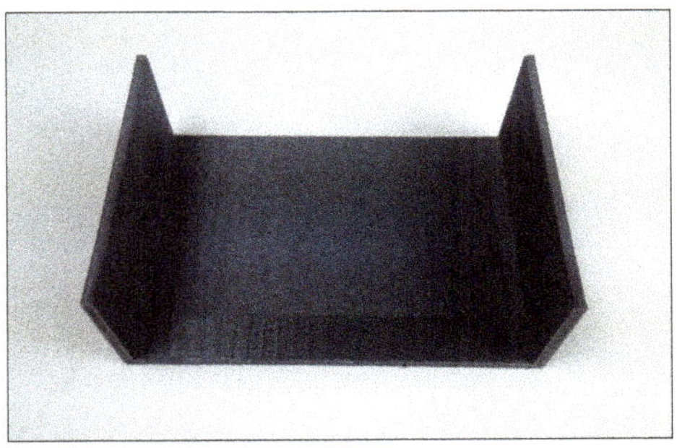

图 6.2 冰箱箱体打印件

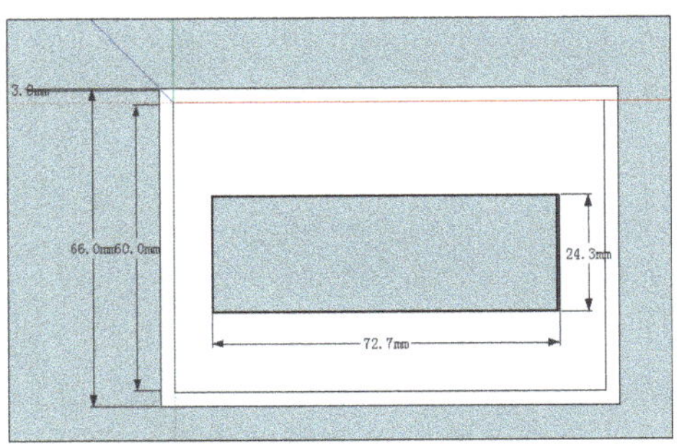

图 6.3 绘制平面图形

对模型沿外框进行推拉操作，拉升距离为 100mm，建立的模型如图 6.4 所示。

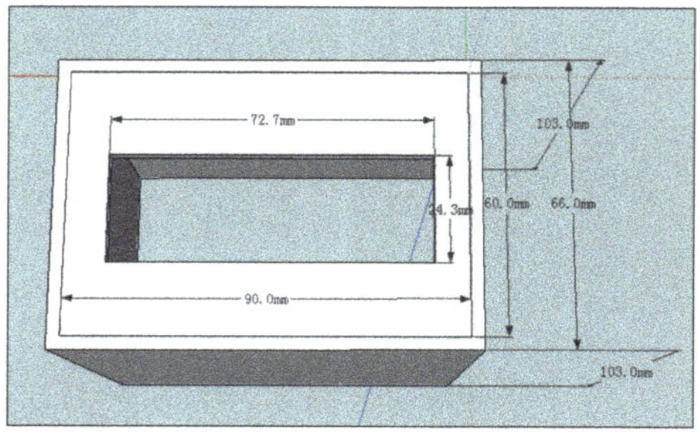

图 6.4 温度数显及主控盒模型

6.2 电路连接

电路连接如图 6.5 所示。

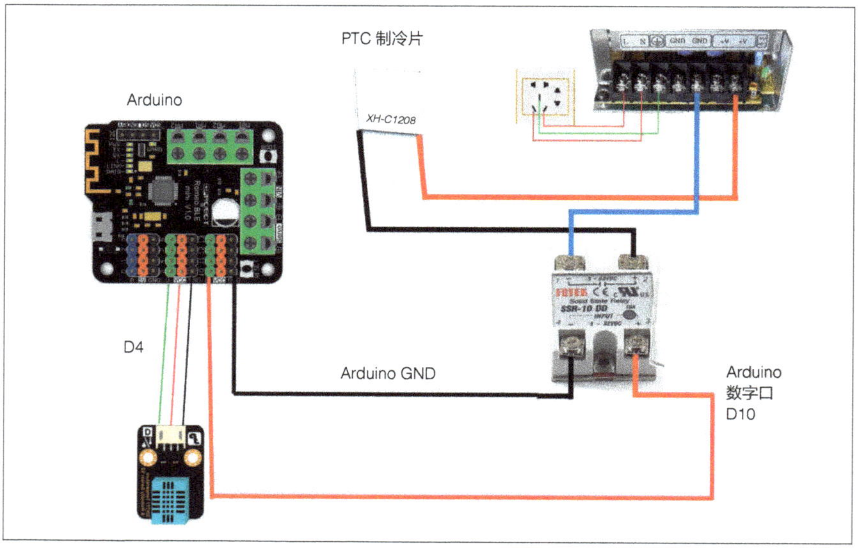

图 6.5 电路连接

6.3 组件安装

❶ 将 PTC 制冷片、散热片、风扇按下图所示方式安装到一起。

❷ 把 DH11 温 / 湿度传感器安装在冰箱箱体侧面。再将上一步安装好的 PTC 制冷模块与箱体组装到一起。DH11 相关线路通过箱体顶部孔位穿出。

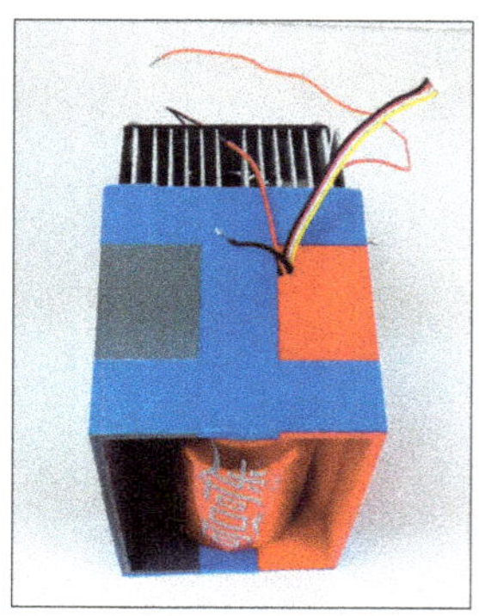

❸ 将 Arduino 主控板、LCD 液晶显示屏连接好，安装在打印好的温度数显及主控盒中。

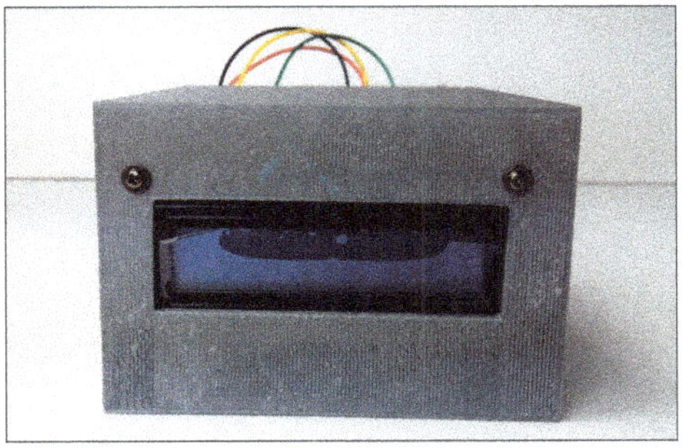

■ 图 6.6 显示温度

6.4 程序编写

小冰箱的原理非常简单，当温度传感器检测到箱体内温度大于一定值时，通过继电器开启 PTC 制冷片制冷，否则关闭。

6.5 上电测试

给小冰箱上电，会显示出当前箱体内的温度（见图 6.6）。再拿一瓶自己喜欢的饮料放到冰箱里冰一冰，过不了几分钟就可以喝到冰镇饮料了（见图 6.7）。

■ 图 6.7 冰镇可乐

07 桌面级制冷风扇

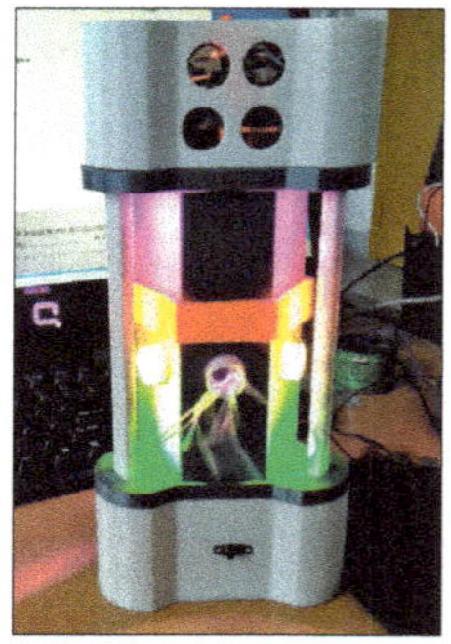

夏日炎炎，人们大多希望离空调越近越好，但是一群人坐在大办公室，总会有人离得远，这时如果能有台桌面级的制冷神器，该是多么美妙呀。嗯，今天就让我们 DIY 一款桌面级制冷工具吧！光看外观，你可能都不知道它是一款风扇。项目器材见表 7.1。

表 7.1 项目器材

名称	数量
Arduino UNO R3 控制板	1
电机扩展板	1
I/O 传感器扩展板 V7.1	1
三洋增压迷你涡轮暴力风扇	1
炫彩 WS2812 LED 灯带	1
自锁按钮模块	1
SS-12F15G5 拨动开关，2 挡 3 脚	1
12V 开关电源	1
9V 电池	1
杜邦线	若干
3D 打印机（Overlord Pro）	1
PLA 3D 打印耗材，灰色、红色、白色	若干

7.1 工作原理

这个制作的原理很简单，就是用风扇对着冰块吹，让凉风向桌面四周扩散。当然，为了美观，我们给它加了 3 根灯柱来渲染它的效果。

7.2 电路连接

由于电机扩展板外部供电与主控板供电必须是隔离的，因此主控板使用 9V 的电池供电，而外部供电通过开关电源供电。

取出拨动开关、9V 电池、红黑杜邦线若干，按图 7.1 所示方法焊接。红色杜邦线分别焊接在拨动开关的 1、2 脚上。

对主控板供电的红线和黑线通过延长线焊接到主控板背面的电源接口上，如图 7.2 所示。

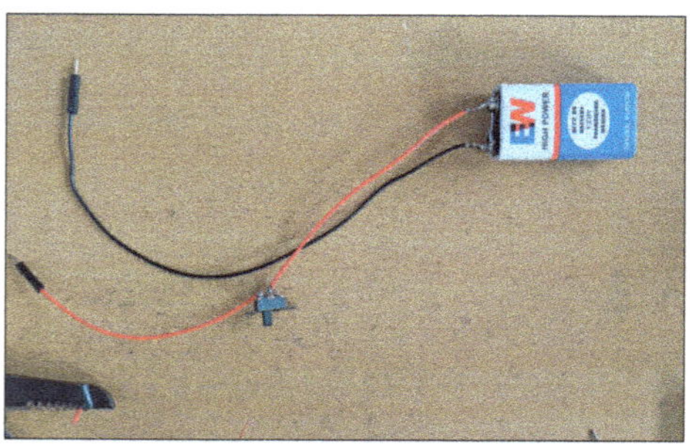

图 7.1 主控板供电线及开关焊接

图 7.2 将供电线焊接到主控板背面的电源接口上

取长度为 36cm 的 LED 灯带，将其分为 3 段。注意焊接时要按照灯带箭头指示方向进行焊接，如图 7.3 所示。

风扇原来的接线有 8 根，我们需要将其中的红色线、橙色线与黑色线、灰色线剥离出来并分成两组，与延长线焊接在一起，作为风扇的正极线与负极线，焊接接头请用绝缘材料（建议使用绝缘胶布）隔离，如图 7.4 所示。

将开关电源输出的 +V、GND（见图 7.5）分别接在电机扩展板的 VIN 与 GND 上，将风扇正极线、负极线分别接在电机扩展板的 B+、B− 上，如图 7.6 所示。

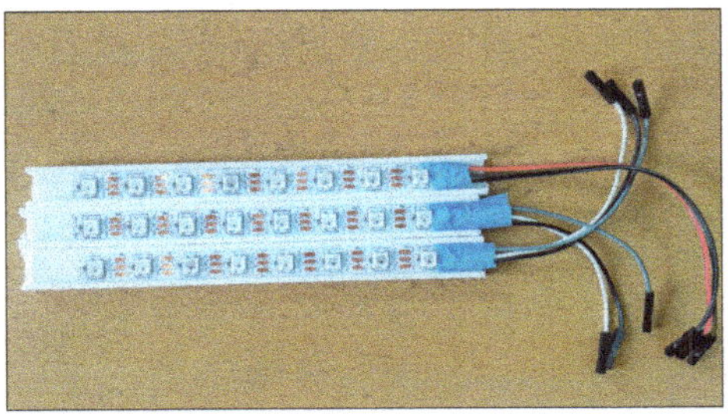

图 7.3 焊接 LED 灯带

图 7.4 将红色线、橙色线合并为正极线，将黑色线、灰色线合并为负极线

将 3 根 LED 灯带分别接在 I/O 扩展板的数字口 4、5、6 上，将自锁开关模块接在 I/O 扩展板的数字口 3 上，如图 7.7 所示。

完整的硬件连接请参考图 7.8。

图 7.5 开关电源输出的 +V、GND

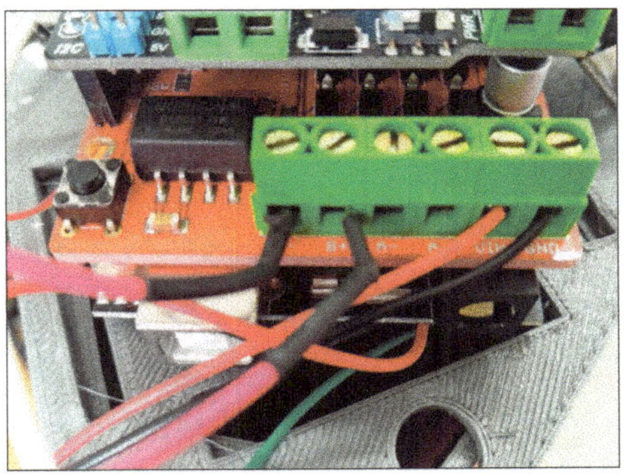

图 7.6 电机扩展板上的连线

图 7.7 I/O 扩展板上的连线

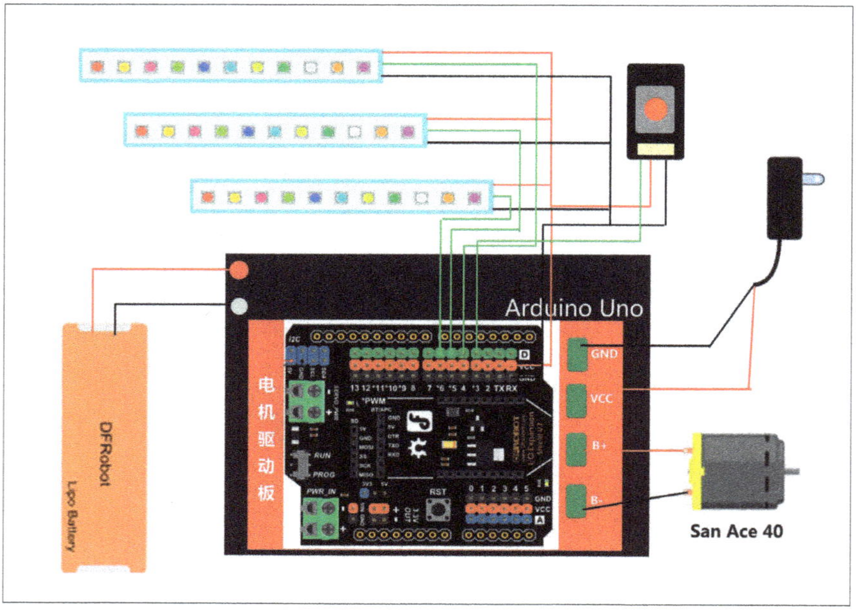

图 7.8 硬件连接示意图

7.3 外观设计及安装

7.3.1 底座

为了保证整个装置的稳定性，我们将电池放置在装置的底座里，底座里还要放置主控板与主控开关。底座的 3D 模型与实物照片如图 7.9 所示。将拨码开关安放到孔位后，要用胶水加以固定。电源线从左侧穿出。

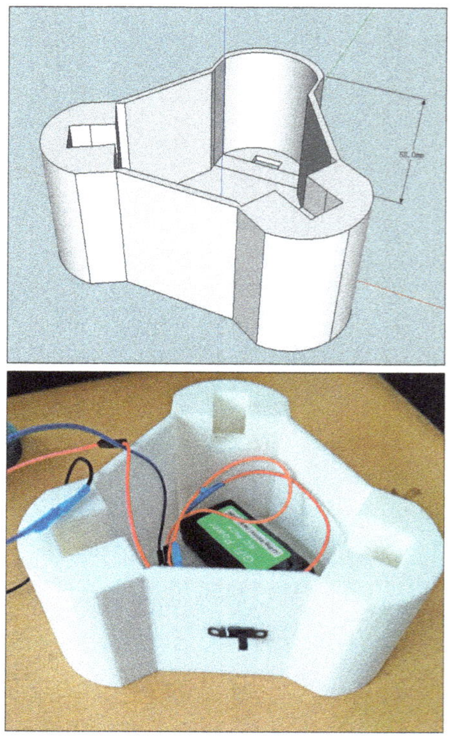

图 7.9 底座 3D 模型与实物

7.3.2 底托和冰槽

底托一方面用于防止冰融化流水，另一方面用于固定 RGB LED 灯带的灯槽，3D 模型如图 7.10 所示。冰槽是一个用于存放冰块的六面体容器，每个面都有一个圆形孔，当风吹在冰块上时，可以变成冷风，3D 模型如图 7.11 所示。为了给冰槽装饰一下，我设计了 6 个出风口，如图 7.12 所示。打印出的冰槽及出风口如图 7.13 所示。用

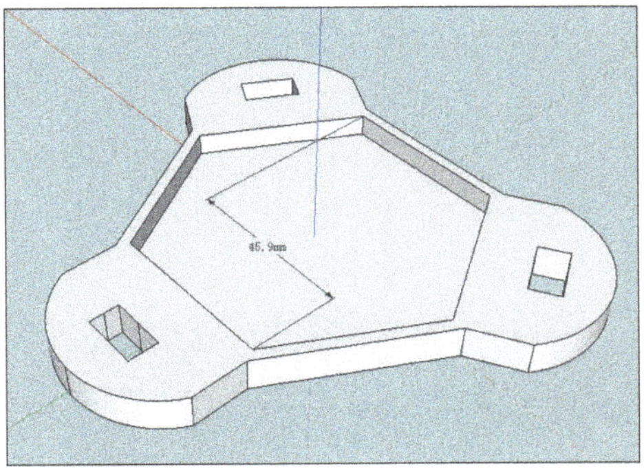

■ 图 7.10 底托 3D 模型

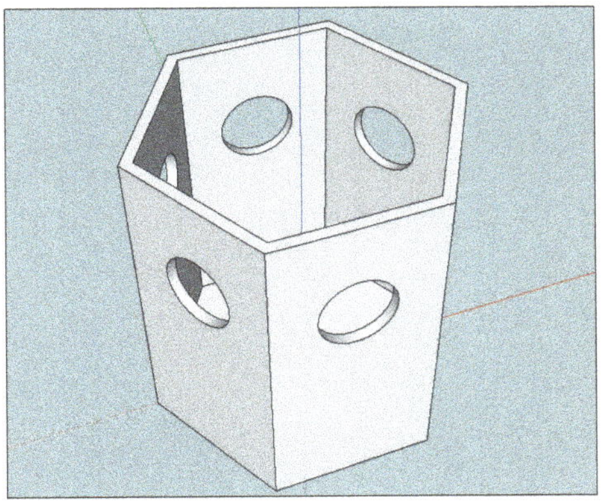

■ 图 7.11 冰槽 3D 模型

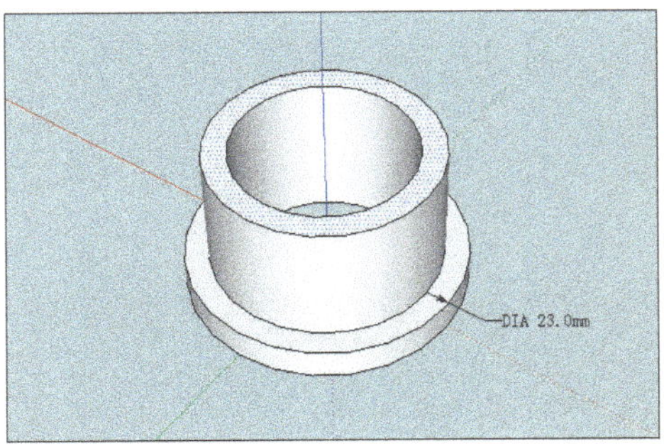

■ 图 7.12 出风口 3D 模型

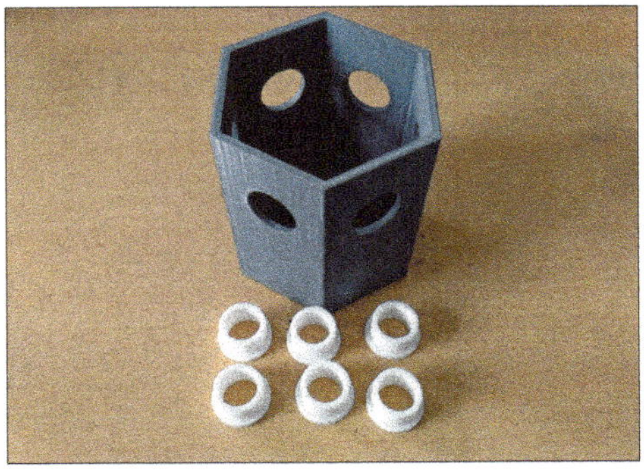

■ 图 7.13 冰槽及出风口实物

■ 图 7.14 用 AB 胶将出风口安装在冰槽上

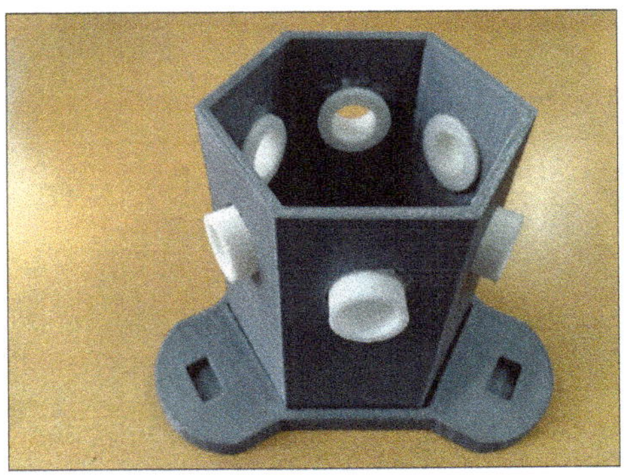

■ 图 7.15 安装好的底托和冰槽

AB 胶将出风口安装在冰槽上，如图 7.14 所示。然后将底托安装在冰槽下面，如图 7.15 所示。

7.3.3 接口

上、下接口 3D 模型如图 7.16 所示，打印出来的实物如图 7.17 所示。将它们粘合

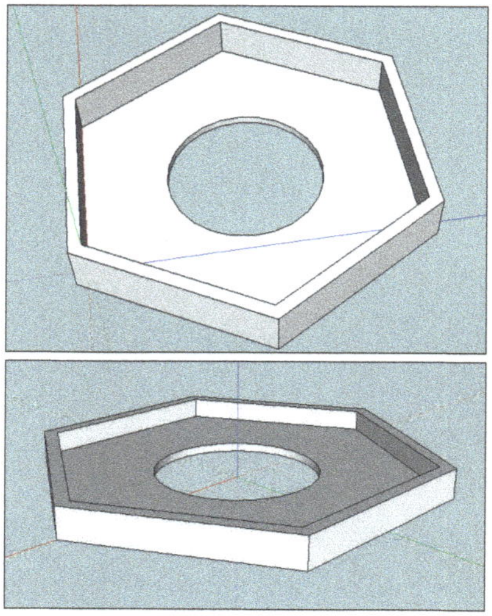

图 7.16 上、下接口 3D 模型

图 7.17 上、下接口实物

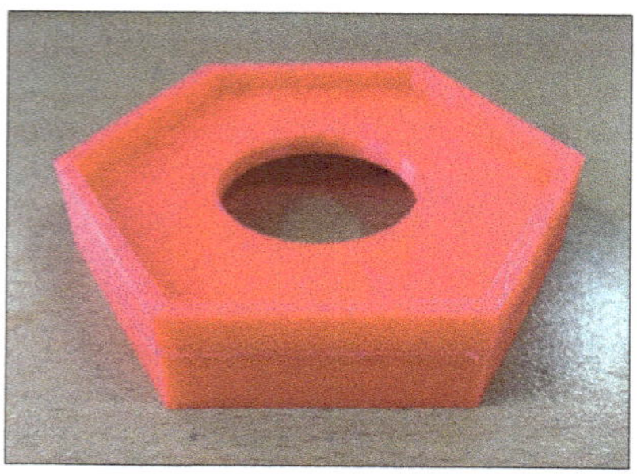

图 7.18 将上、下接口粘合起来

起来就成了完整的接口，如图 7.18 所示。将接口卡在冰槽上，并将风扇固定在上接口上，如图 7.19 所示。安装时，注意将风扇出风口对准上接口圆形口。

7.3.4 风扇孔槽

风扇孔槽 3D 模型如图 7.20 所示。将它打印出来，安装在上接口上，包裹住风扇，如图 7.21 所示。

图 7.19 将接口卡在冰槽上，并将风扇固定在上接口上

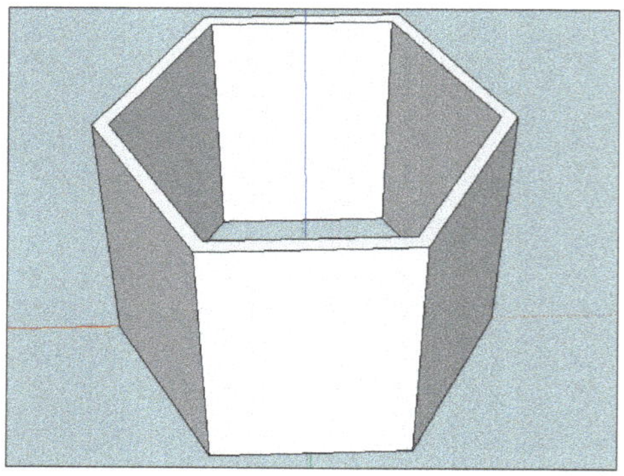

图 7.20 风扇孔槽 3D 模型

图 7.21 将风扇孔槽安装在上接口上

7.3.5 灯带灯槽和顶座

灯带灯槽要打印 3 根，3D 模型和打印出的实物如图 7.22 所示。顶座用于固定风扇电路与灯带灯槽，3D 模型如图 7.23 所示。将灯带灯槽安装到底托的固定孔位中，再将风扇电线从顶座中央预留的孔穿出，最后扣上顶座，如图 7.24 所示。

7.3.6 顶部

顶部 3D 模型和实物如图 7.25 所示。将自锁按钮安装到顶部中央，连接好电路，将顶部安装到顶座上，如图 7.26 所示。将底托安装到底座上，连接好电路，就成了如题图所示的整体，非常酷炫。上电后，你就可以体验一下这款自制的会吹冷风的风扇的效果了。当然，除了制冷效果，你还会“享受”呼啸的电机声。来吧，一起造起来！

图 7.24 安装灯带灯槽和顶座

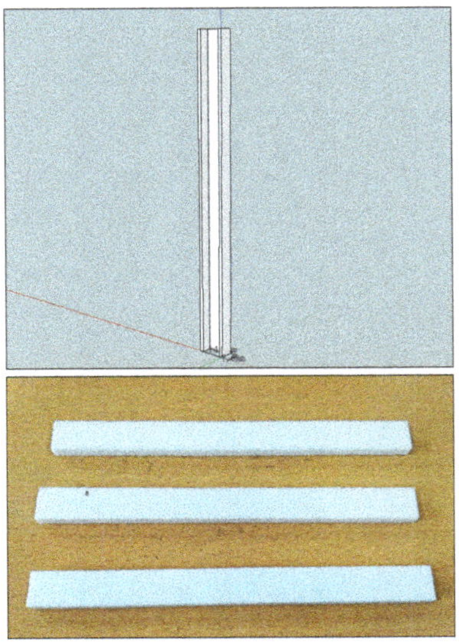

图 7.22 灯带灯槽 3D 模型和实物

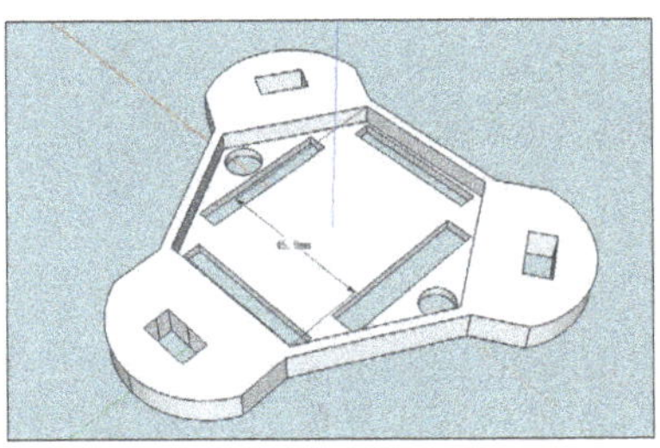

图 7.23 顶座 3D 模型

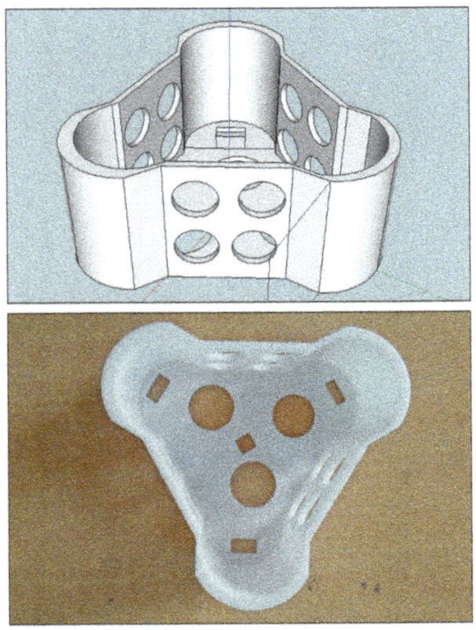

图 7.25 顶部 3D 模型和实物

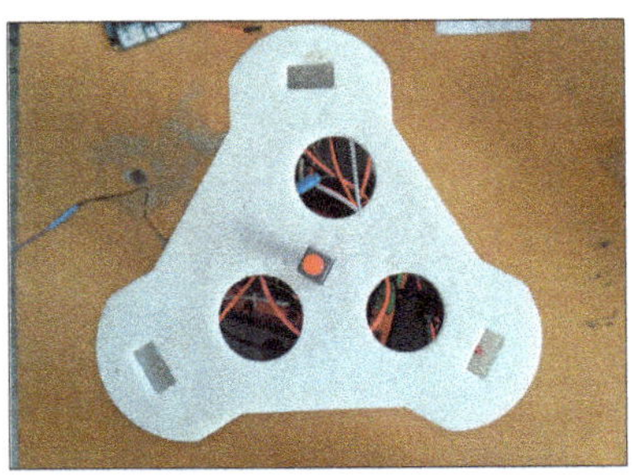

图 7.26 将自锁按钮安装到顶部中央

第 3 章

娱乐与酷玩

08 组合式炫彩手棒

09 会下雨的雷电云

10 “锤子 · 剪刀 · 布”游戏机

08 组合式炫彩手棒

为了活跃演唱会的气氛，增加娱乐性与互动性，当今的演唱会中经常用到荧光棒。而我们这次用 3D 打印和 Arduino 来制作一个具有类似效果的炫彩手棒，并可拆分与组合使用。项目器材见表 8.1。

8.1 结构件建模

本作品由以下几部分构成：灯罩、手柄、盖板、连接件，除了连接件，其他部分都要制作两份。

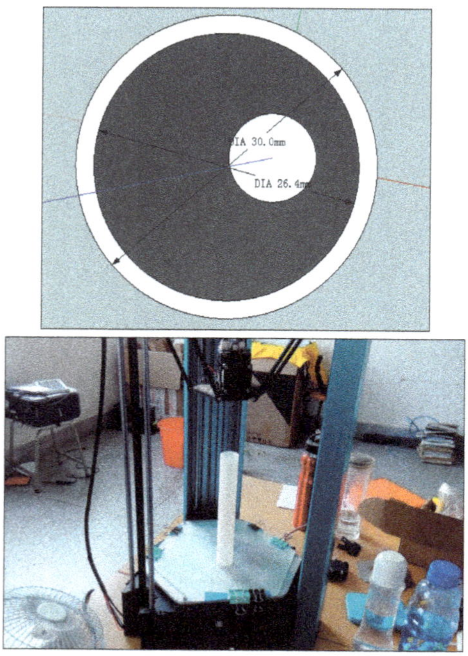

图 8.1 灯罩模型与 3D 打印实物

表 8.1 项目器材

名称	数量
RGB LED 灯带	2 段
Beetle 控制板（兼容 Arduino）	2
Beetle 扩展板	2
3.7V 锂电池	2
杜邦线	若干

8.1.1 灯罩部分

灯罩模型为一个壁厚为 1.8mm、高度为 200mm 的圆柱体（见图 8.1）。

8.1.2 手柄部分

❶ 打开 SketchUp，单击“镜头”→“标准视图”→“顶部”，使用矩形工具绘制长度为 35mm 的正方形。

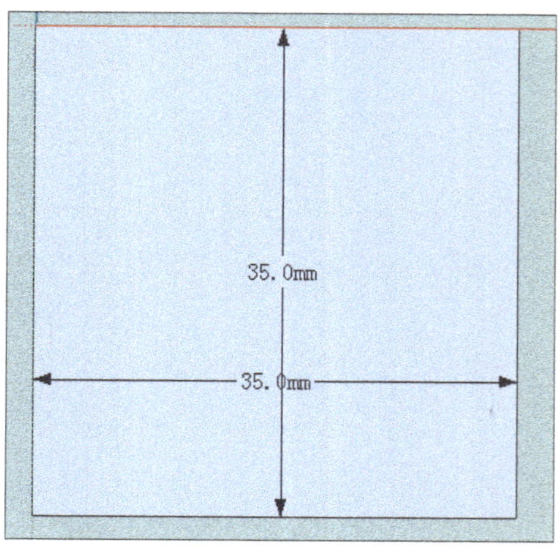

❷ 使用“偏移”工具将矩形向内偏移 2mm。

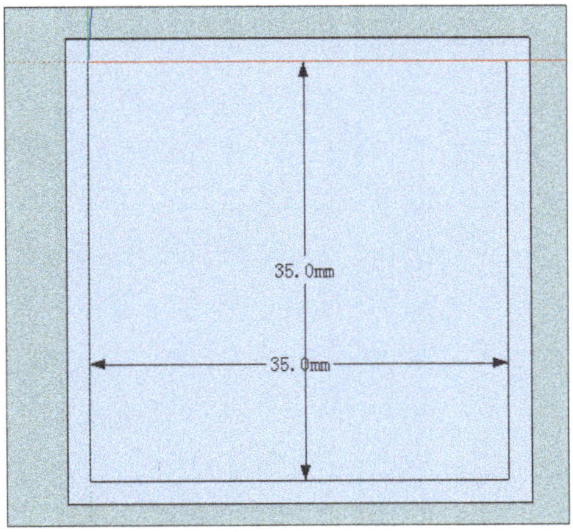

❸ 使用拉伸工具对内、外两部分，分别进行拉伸 2mm。

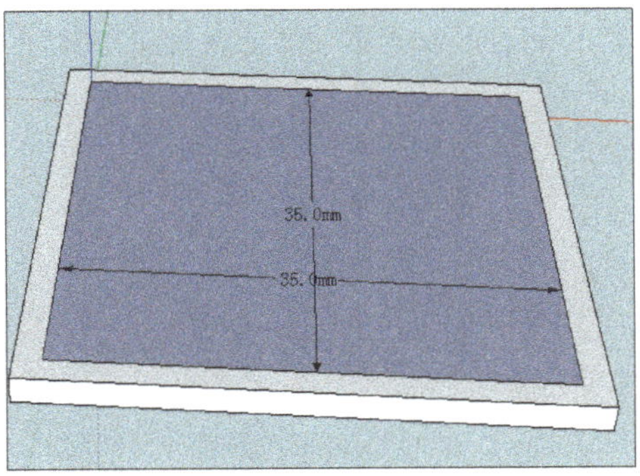

❹ 翻转到底部，使用直线工具对其进行封闭，并删除多余的辅助线。

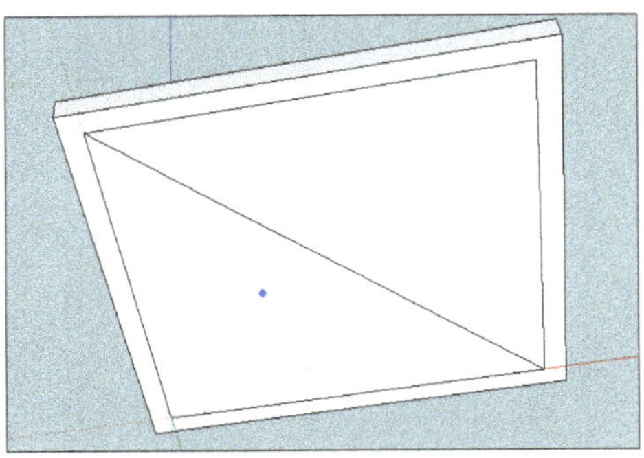

❺ 使用拉伸工具将外壳拉伸 60mm。

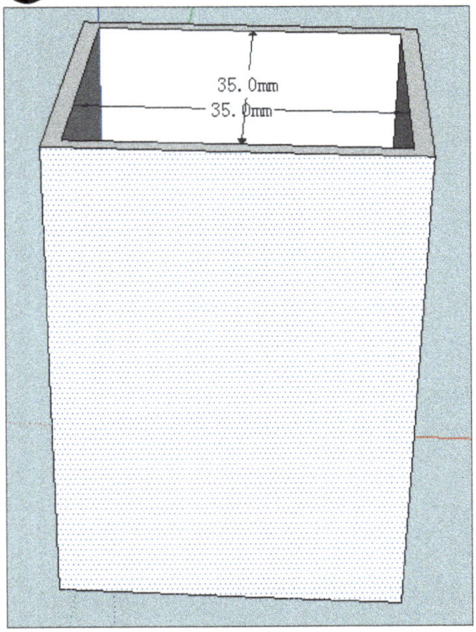

❻ 使用卷尺工具在上一步中的外壳表面，绘制一个 12mm × 11mm 的矩形，并使用推拉工具打出孔位，手柄就制作完成了，3D 打印实物如下图所示。

8.1.3 盖板部分

建模过程可以参照手柄，参照图 8.2 上图所示尺寸完成建模。

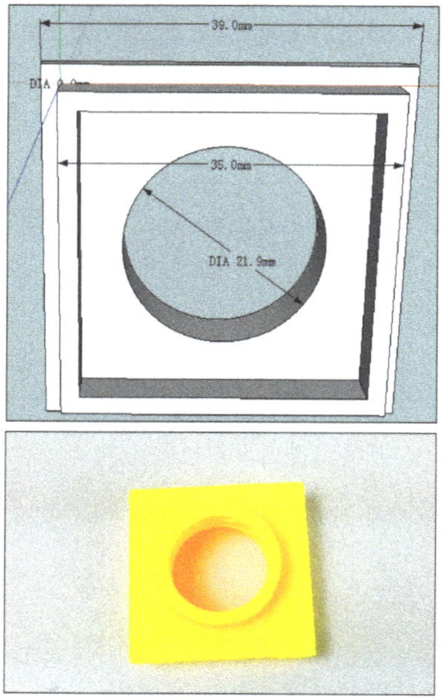

■ 图 8.2 盖板模型与 3D 打印实物

8.1.4 连接件

连接件用来连接前后两部分，如图 8.3 所示。

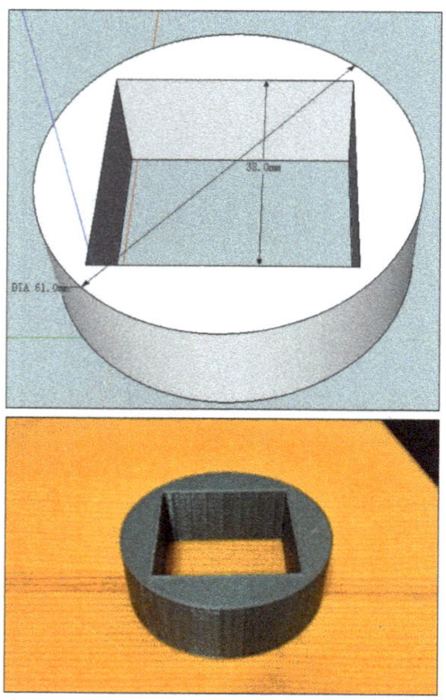

■ 图 8.3 连接件模型与 3D 打印实物

8.2 电路连接

炫彩手棒由外观相似的 A、B 两部分组成，其中 A 部分使用触摸开关控制 LED（见图 8.4），B 部分使用霍尔传感器控制 LED（见图 8.5），在 A 部分底部放置强磁铁，当两部分合体后，B 部分就可以亮起。

为了减小炫彩手棒的体积，我特地使用了 Beetle 控制器作为主控，传感器与主控连接时，剪断一端接头将红、黑、绿色线依次焊接在 Beetle 的 5V、GND、D10 上。

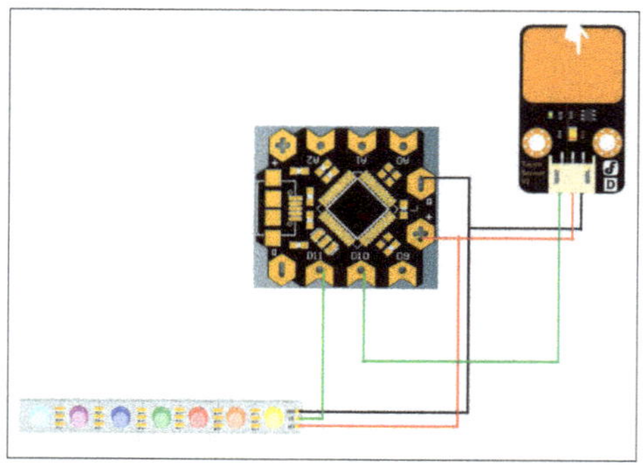

■ 图 8.4 触摸传感器的连接

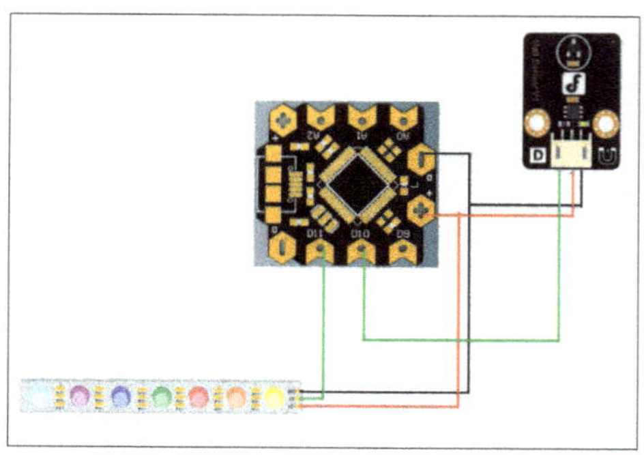

■ 图 8.5 霍尔磁性传感器的连接

8.3 组装过程

❶ 在彩色 LED 灯带上焊接 3 根母头杜邦线，制作 2 份。

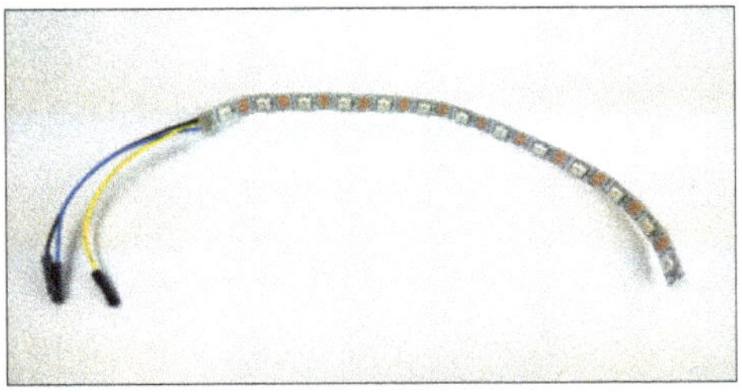

❷ 将 Beetle 控制器和 3.7V 电池放入主控盒，将触摸传感器固定在主控盒上，灯带穿过盖板与 Beetle 连接。最后将盖板盖在主控盒上。

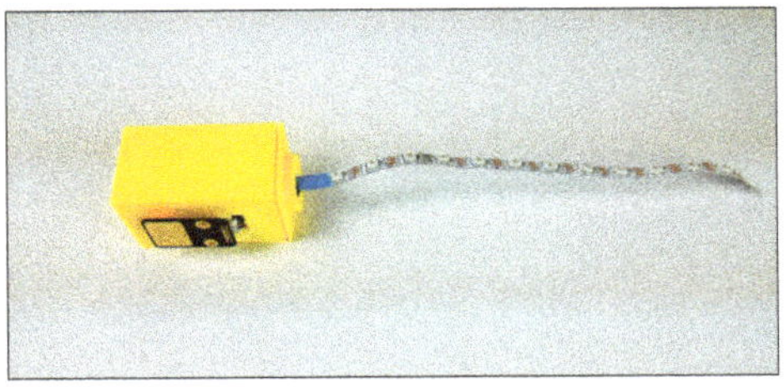

❸ 将灯罩卡在盖板的圆柱形卡口上，以同样方式安装另外一端，注意在其 A 部分底部安装磁铁。

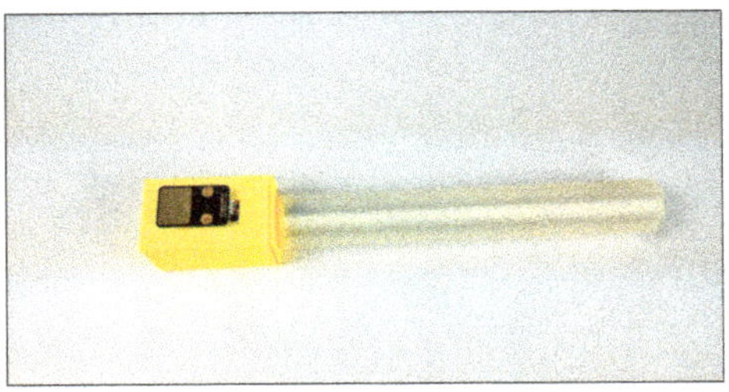

❹ 用连接件将两部分结合起来，完成合体。此时你就可以上电测试炫彩手棒了。当两者分开时都不亮，合体后采用霍尔传感器的 B 部分亮起，如果你触摸 A 部分的开关，A 部分也会亮起。

8.4 Arduino 程序

```
#include <Adafruit_NeoPixel.h>
#define PIN 11
#define PIN2 10
#define LED_COUNT 15 //LED 数量
Adafruit_NeoPixel leds =
Adafruit_NeoPixel(LED_COUNT,
PIN, NEO_GRB + NEO_KHZ800);
void setup ()
{
  pinMode(11,INPUT);
  pinMode(10,OUTPUT);
  pinMode(9,OUTPUT);
  leds.begin();   //初始化 LED 灯带
  clearLEDs();    //熄灭 LED 灯带
  leds.show();    //更新 LED 状态
}
void loop()
{
  int n=digitalRead(11);
  if (n==1) //判断 n 是否为高电平，
如果是，执行下面的语句；不是则跳过
  {
    digitalWrite(10,HIGH);
    for (int i=0; i<LED_COUNT;
i++)
    {
      rainbow(i);
      delay(50);
    }
```

```
  }
  else{
    digitalWrite(10,LOW);
    leds.begin();
    clearLEDs();
    leds.show();
  }
}
void clearLEDs()
{
  for (int i=0; i<LED_COUNT;
i++)
  {
    leds.setPixelColor(i, 0);
  }
}
void rainbow(byte startPosition)
{
  int rainbowScale = 192 / LED_
COUNT;
  for (int i=0; i<LED_COUNT;
i++)
  {
    leds.setPixelColor(i, rainbowOrder
((rainbowScale * (i + startPosition))
% 192));
  }
  leds.show();
}
uint32_t rainbowOrder(byte
position)
{
  if (position < 31)
  //红色变为 (黄色 R为FF,B为0,G从
00变为FF)
  {
    return leds.Color(0xFF,
position * 8, 0);
  }
  else if (position < 63)
  //黄色变为(绿色G为FF,B为0,R从
FF变为00)
  {
    position -= 31;
    return leds.Color(0xFF-
position*8, 0xFF,0);
  }
  else if (position < 95)
  //绿色变为浅绿色(G为FF,R为0,B从
00变为FF)
  {
    position -= 63;
    return leds.Color(0, 0xFF,
position * 8);
  }
  else if (position < 127)
  //浅绿色变为蓝色(B为FF,R为0,G从
FF变为00)
  {
    position -= 95;
    return leds.Color(0, 0xFF -
position * 8, 0xFF);
  }
  else if (position < 159)
  //蓝色变为紫红色(B为FF,G为0,R从
00变为FF)
  {
    position -= 127;
    return leds.Color(position *
8, 0, 0xFF);
  }
  else  //160 <position< 191
  //紫红色变为红色(R为FF,G为0,B从
变为00)
  {
    position -= 159;
    return leds.Color(0xFF, 0x00,
0xFF - position * 8);
  }
}
```

09 会下雨的雷电云

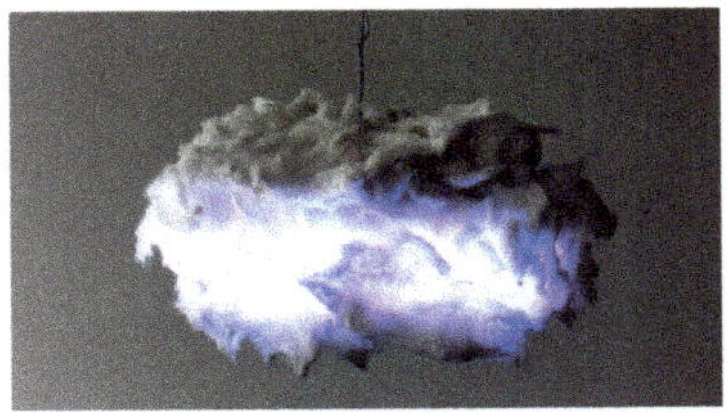

“雷电云”这个项目已经有很多人制作过了，不过大多数作品只“打雷”，不“下雨”。今天我带给大家的是会下雨的雷电云！项目器材见表9.1。

表9.1 项目器材

名称	数量
Arduino UNO 控制板	1
电机驱动板	1
Proto Shield 原型开发板	1
小水泵	1
MP3 播放模块	1
小扬声器	1
硅胶软管	1
杜邦线	若干
电池	1
饮料瓶	1

❶ 首先就是找用来存“雨”的容器，最便宜、最省事的就是用饮料瓶。用电钻在饮料瓶盖上钻出大小合适的孔。友情提示：如果孔钻大了，可以打点胶封口，保证硅胶软管与其紧密结合、不漏水即可。

❷ 找一个大小的合适盒子作为“云”的框架结构，我这里正好有个废旧工具盒可以派上用场。去除多余部件，只留下需要的盒子。

❸ 在盒子底部钻出若干个孔，保证雨水可以顺利地流下来。如果想使下雨的面积大些，可以多钻几个孔。

❹ 由于存“雨”容器是横着放置的，为了让吸水管始终位于低水位，需要用重物压制，这里使用了一个废旧的同步轮作为重物。

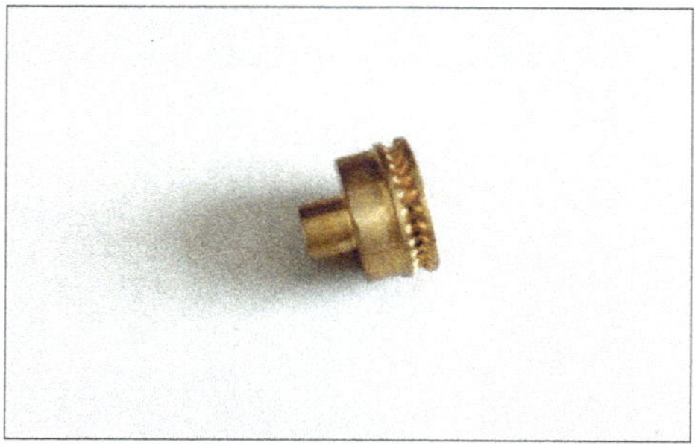

❺ 用 3D 设计软件设计并打印出下图所示的结构件，将水泵固定在工具盒上。

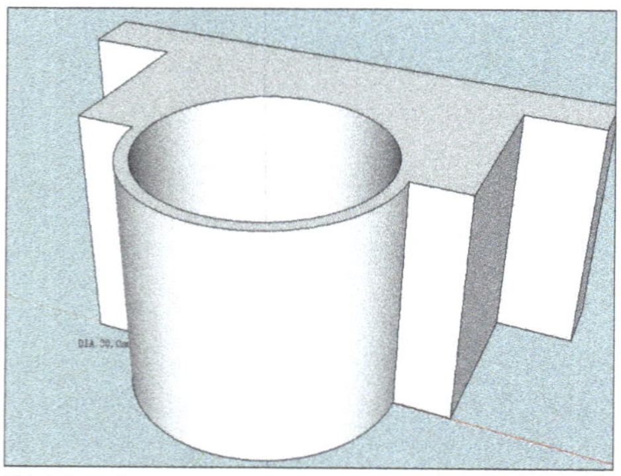

❻ 水泵的两根管子分为进水口与出水口，分别穿过箱盖。进水口一端，穿过瓶盖、同步轮后，装在饮料瓶里；出水口直接穿过工具盒盖，放在工具盒中。

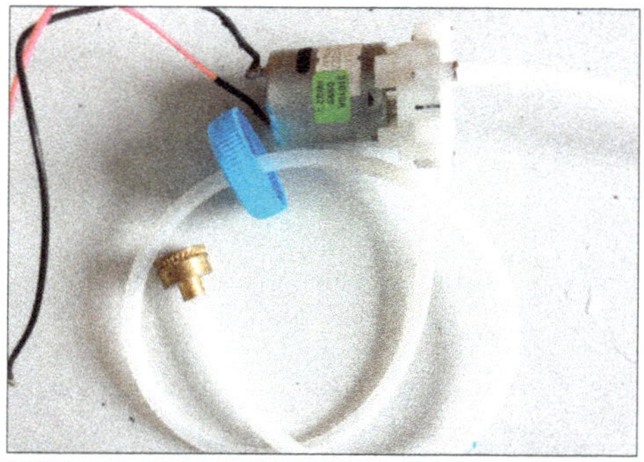

❼ 将水泵放在工具盒盖上部的水泵固定件里。

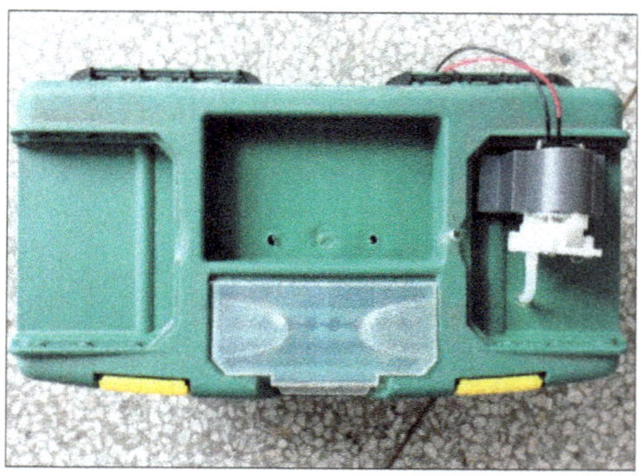

❽ 安装主控板，本作品的板卡叠加顺序从下往上依次为：Arduino UNO 控制板、电机驱动板和 Proto Shield 原型开发板。

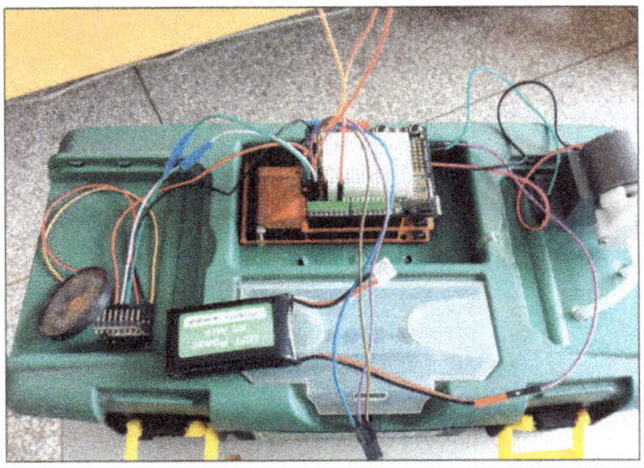

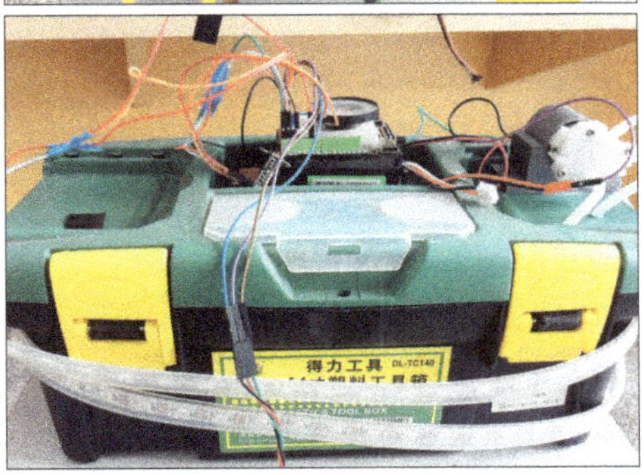

❾ 将电机驱动板叠加在 Arduino 控制板上，按下图所示方式连接水泵和外接电源。

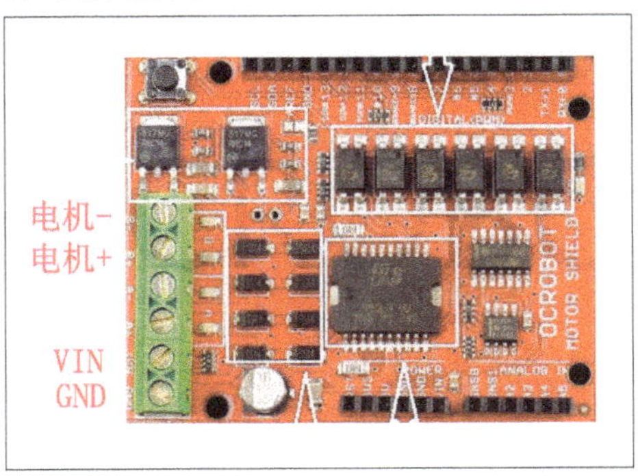

❿ 再将 Proto Shield 原型开发板叠加在电机驱动板上，按下图所示将传感器、灯带、MP3 模块进行连接。

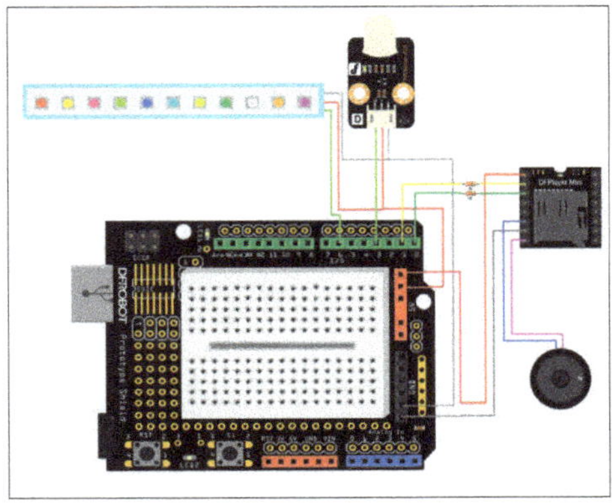

⓫ 烧录代码。

⓬ 使用热熔胶将脱脂棉粘在雷电云框架结构上。

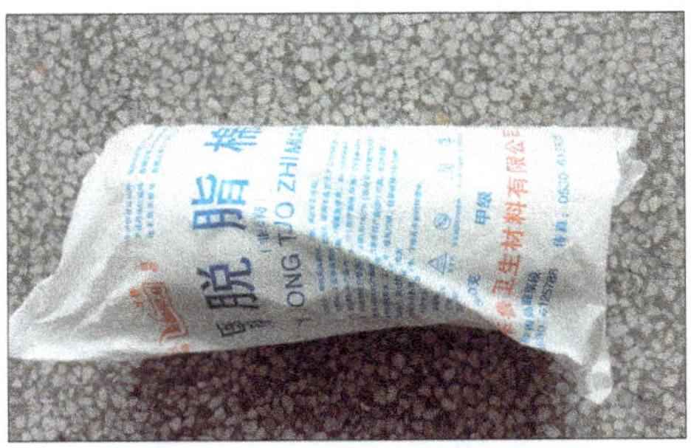

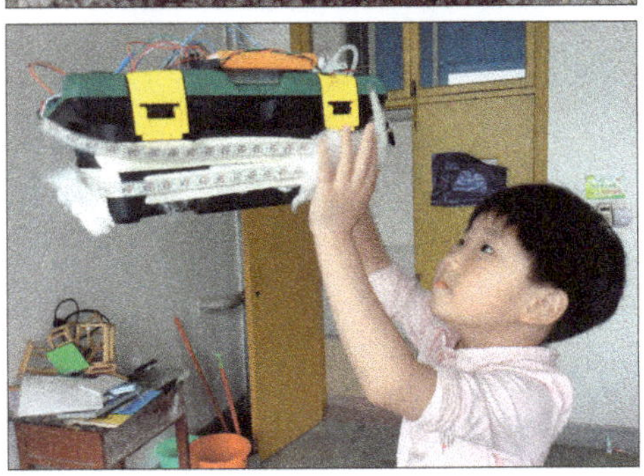

13 这朵会下雨的雷电云就制作完成啦!

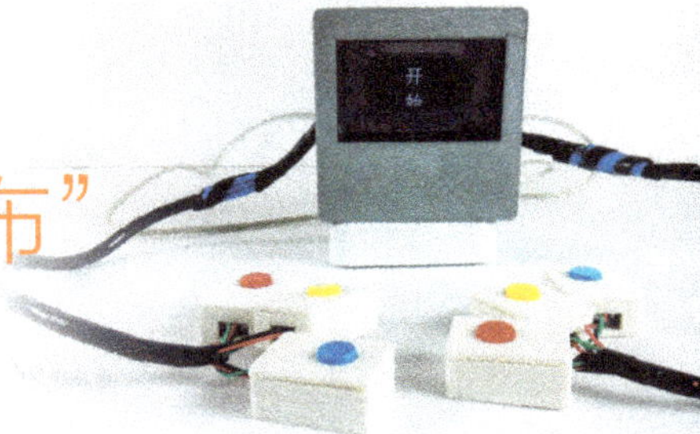

10 "锤子·剪刀·布"游戏机

"锤子·剪刀·布"是一种起源于中国、流传多年的猜拳游戏，也是我们儿时的必玩游戏。该游戏规则简单：锤子打剪刀，布包锤子，剪刀剪布。单次玩法拼运气，多次玩法拼心理，使得这个古老的游戏同时拥有"意外"与"技术"两种特性，深受世界人民喜爱。不过今天我们要用 Arduino 来制作一个"锤子·剪刀·布"游戏机。

本作品以 6 个按钮分别代表两方的锤子、剪刀和布，当双方分别按下各自一个按钮后，依据规则做出评判（见图 10.1~ 图 10.3）。当然，如果有一方按下两个或多个按钮，此方被判犯规（见图 10.4）。项目器材见表 10.1。

表 10.1 项目器材

名称	数量
Arduino UNO 控制板	1
Proto Shield 原型开发板（Arduino 兼容，见图 10.5）	
按钮（红、黄、蓝）	各 2
2.7 英寸 OLED 屏幕	1
公对公杜邦线	若干
缠绕约束带	1
3D 打印机（笔者所用为 Overlord Pro）	1
白色、灰色 PLA 3D 打印耗材	若干

■ 图 10.1 右胜（左剪右锤）

■ 图 10.2 左胜（左布右锤）

■ 图 10.3 平手（左锤右锤）

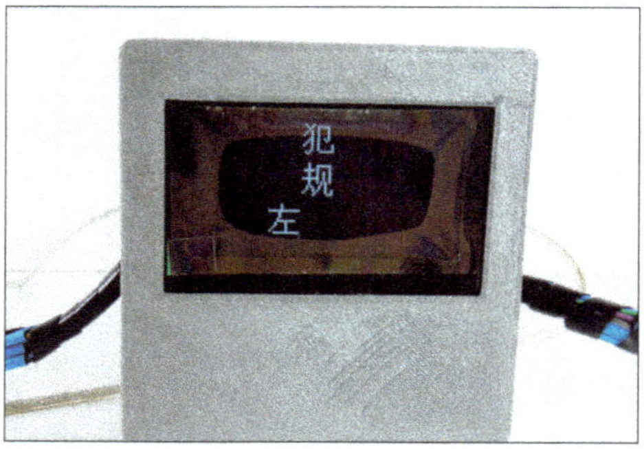

■ 图 10.4 犯规（左边按下超过 1 个按钮）

■ 图 10.5 Proto Shield 原型开发板

10.1 结构件建模

本作品的结构件由主控盒子、按钮盒子、盒盖等部分组成。建模软件使用 SketchUp，具体建模过程这里不再详细叙述。

主控盒子 3D 模型文件如图 10.6 所示，上方有一个 OLED 屏孔位，两侧有两个圆形孔位。

按钮盒子 3D 模型文件如图 10.7 所示，留出一个按钮连线孔位即可。

按钮盒盖 3D 模型文件如图 10.8 所示，在顶部合适位置开出一个与按钮模块上的按钮大小合适的圆孔。

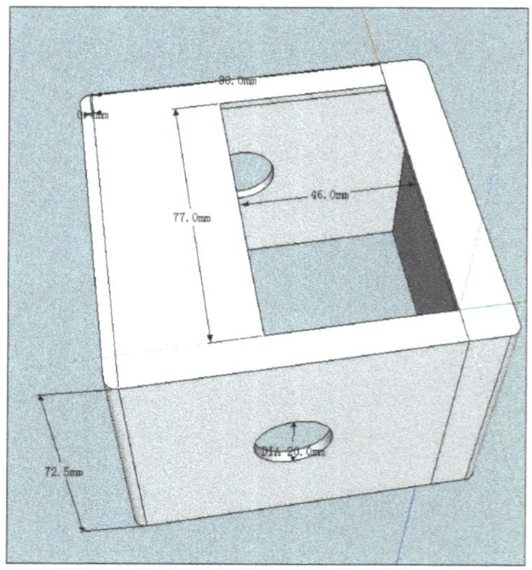

■ 图 10.6 主控盒子模型

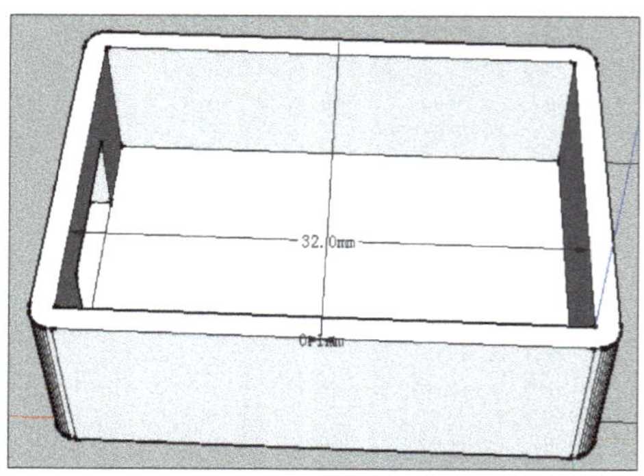

■ 图 10.7 按钮盒子模型

10.2 模型打印

由于本次设计的作品对强度没有特殊要求，只要将其填充率设置为 20% 即可。把支撑类型改为 Everywhere，其他设置按默认选择（见图 10.9）。打印效果如图 10.10 所示。

10.3 电路连接与 OLED 屏的使用

将 OLED 屏与 Arduino UNO 进行连接，如图 10.11 所示。

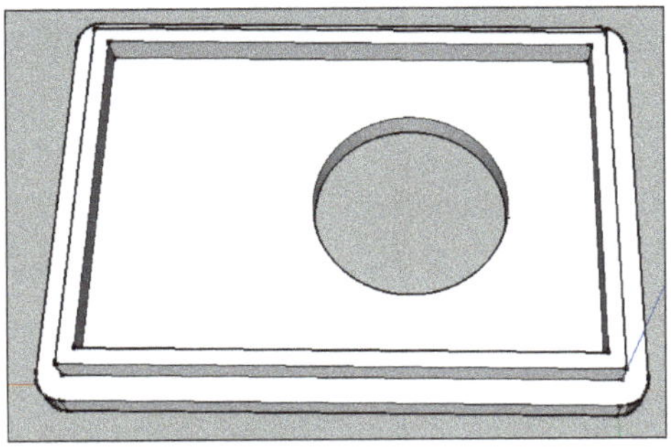

图 10.8 按钮盒盖模型

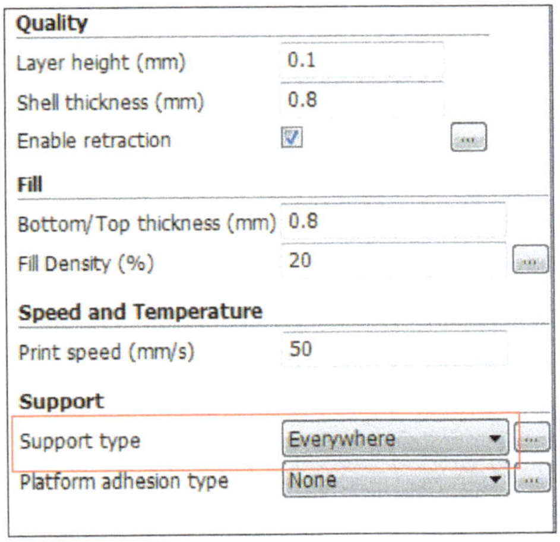

图 10.9 打印设置

图 10.10 按钮盒子及盒盖打印效果

左边 3 个按钮分别与 Arduino 控制板的数字口 3、4、5 连接，右边 3 个按钮分别与 Arduino 控制板的数字口 6、7、8 连接。

“锤子 · 剪刀 · 布”作品分别以两方各自 3 个按钮触发，依据规则给出胜败的判定，并将结果显示在 OLED 屏上。在开始使用 OLED 屏前，先对该屏做个简单介绍：OLED 屏支持图片与汉字显示，本例中以汉字做出显示，通过 PCtoLCD2002 取模软件快速提取字模，从而完成相应功能。

打开 PCtoLCD2002 软件，单击“模式”菜单，将模式选择为“字符模式”（见图 10.12）。

在文本框中输入汉字“左”，单击“选项”菜单，打开如图 10.13 所示的对话框，

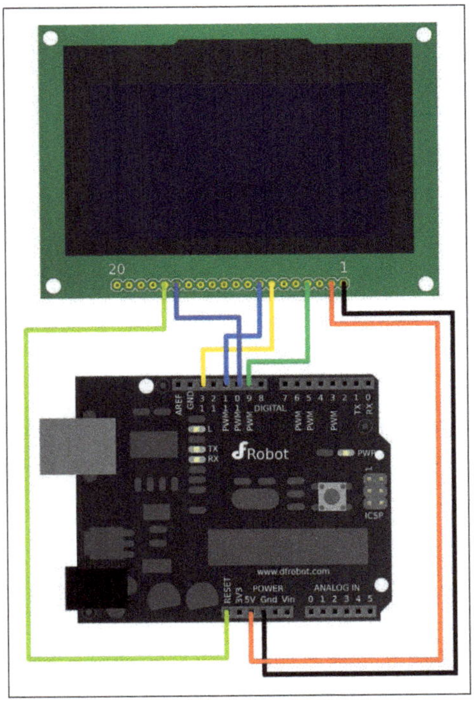

图 10.11 OLED 屏与 Arduino 的连接

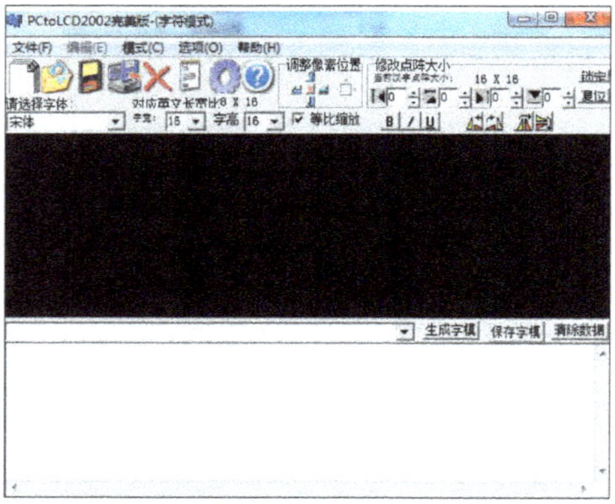

图 10.12 修改提取模式为字符模式

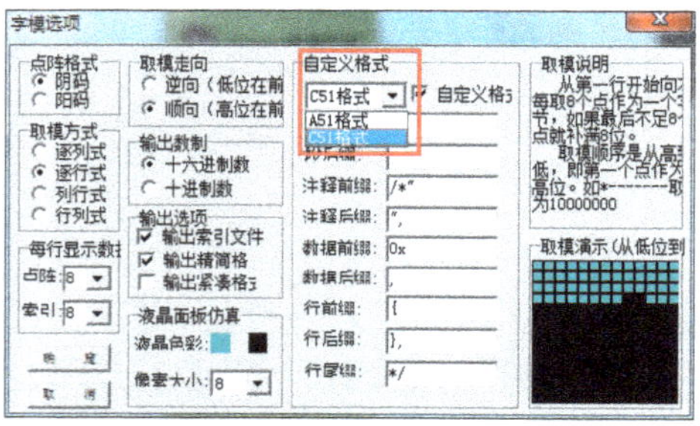

图 10.13 格式设置

设置自定义格式为“C51 格式”。

回到主界面，分别单击“生成字模”“保存字模”按钮，最后会把生成的字模保存在一个 TXT 文档中。例如汉字“左”对应的字符数组如图 10.14 所示。

这里提醒一下，在编写代码时，不能简单地将上述字符数组复制、粘贴，需要将每行前后的左右括号删除再放入数组，如图 10.15 所示。

依据上述方法提取所需要用到的汉字，并将其保存。

10.4 组件安装

将按钮模块放入按钮盒子中（见图 10.16），再将盒盖盖上（见图 10.17）。

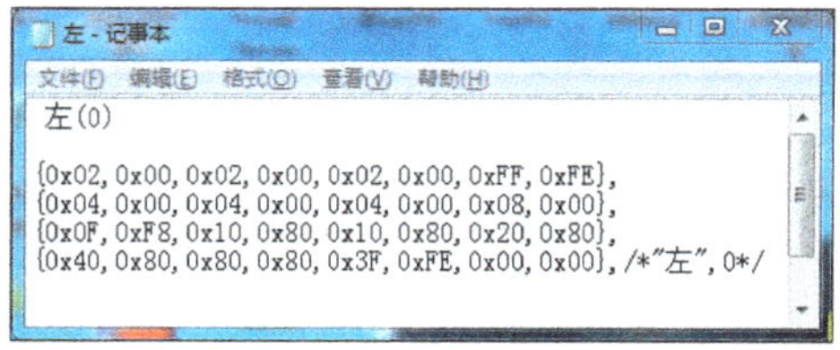

图 10.14 保存的字模文件

```
const uint8_t rook_bitmap11[] PROGMEM = {
0x02, 0x00, 0x02, 0x00, 0x02, 0x00, 0xFF, 0xFE,
0x04, 0x00, 0x04, 0x00, 0x04, 0x00, 0x08, 0x00,
0x0F, 0xF8, 0x10, 0x80, 0x10, 0x80, 0x20, 0x80,
0x40, 0x80, 0x80, 0x80, 0x3F, 0xFE, 0x00, 0x00, /*"左", 0*/
};
```

图 10.15 字模的代码模式

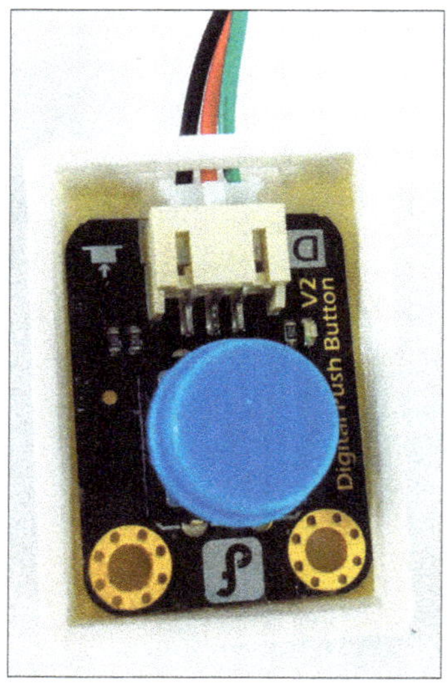

图 10.16 将按钮模块放入按钮盒子中

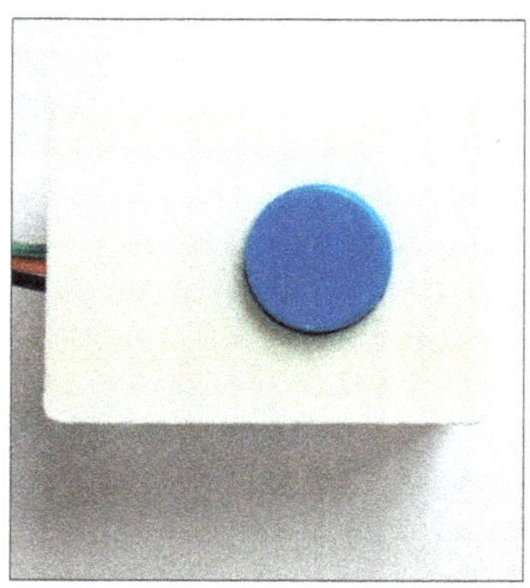

图 10.17 将盒盖盖上

将 OLED 屏放入主控盒子中，连接按钮的连线从两侧孔位中穿出，为了让连线不致散乱，可使用缠绕约束带对线进行捆扎（见图 10.18）。

10.5 代码编写

程序算法比较简单，不再详细介绍，只着重介绍一下 u8g.drawBitmapP(m, n, x, y, str) 函数的使用方法。

```
u8g.drawBitmapP( m, n, x, y, str);
```

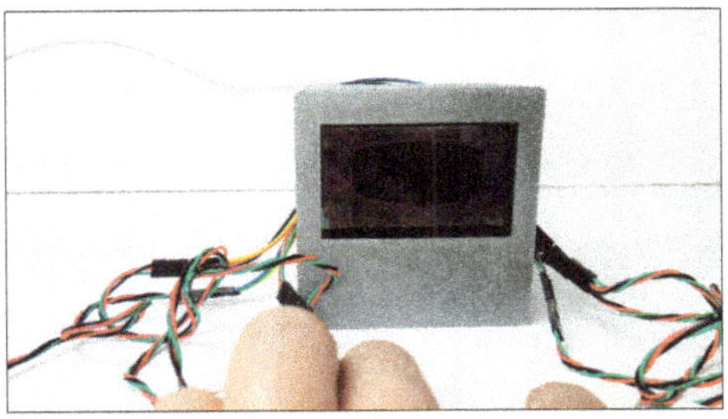

图 10.18 组装主控盒子

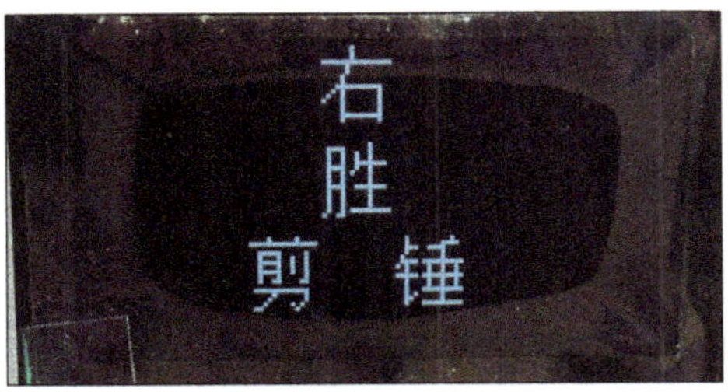

图 10.19 OLED 屏显示

其中，m 代表的是第 m 列，n 代表的是第 n 行，x 代表的是生成字模点阵时的列数除以 8，y 代表的是点阵行数，str 是要显示的字符串。

例如在第 0 行、第 0 列显示汉字“人”，写成“u8g.drawBitmapP(0, 0, 2, 16, rook_bitmap);”。在生成字模时，大小为 16 像素 × 16 像素，那么 x=16/2，y 就是 16。

图 10.19 所示的屏幕显示，程序如下。

```
u8g.drawBitmapP(52,0,2,16, rook_
bitmap12);
//“右”字在第 0 行第 52 列显示
u8g.drawBitmapP(52,20,2,16,
rook_bitmap4);
//“胜”字在第 0 行第 52 列显示
u8g.drawBitmapP(36,40,2,16,
rook_bitmap1);
//“剪”字在第 0 行第 52 列显示
u8g.drawBitmapP(68,40,2,16,
rook_bitmap2);
//“锤”字在第 0 行第 52 列显示
```

10.6 拓展玩法

这个“锤子 · 剪刀 · 布”游戏机的玩法还有些简单，你可以进一步美化界面，将文字显示更换为对应的图片显示；还可以在主控盒子顶部增加一个舵机，配上一个长柄小锤，在比赛结束时砸向败方，作为惩罚。相信小伙伴们还有更多的想法，一起造起来吧！

第 4 章

教育与教学

11　非接触式红外温度计

12　激光报警器模型

13　水箱水质、水位监测系统模型

11 非接触式红外温度计

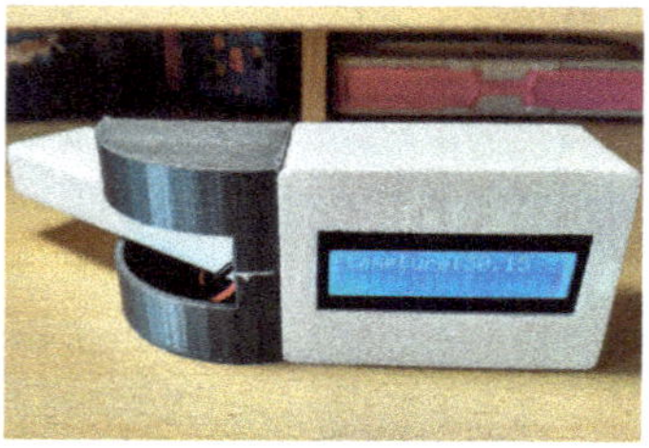

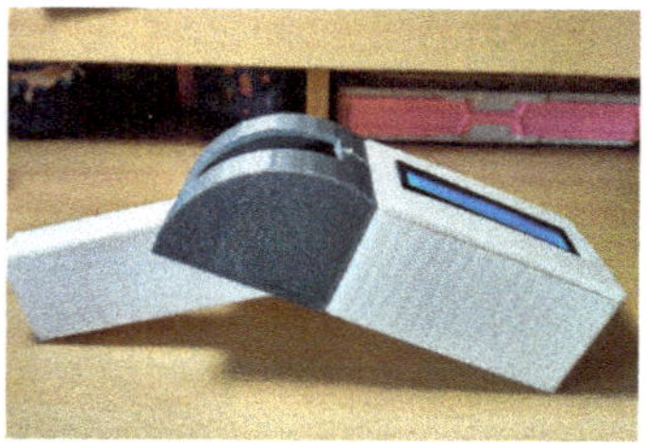

温度测量通常可分为接触式和非接触式。接触式测温只能测量被测物体与测温传感器达到热平衡后的温度，不但响应时间长，且极易受环境温度的影响；而非接触式测温根据被测物体的红外辐射能量来确定物体的温度，不与被测物体接触，也不影响被测物体温度，还具有温度分辨率高、响应速度快、稳定性好等特点。近年来，非接触式红外测温在医疗、环境监测、家庭自动化、汽车电子、航空和军事等方面得到越来越广泛的应用。这里我就来 DIY 一款非接触式温度计。项目器材见表 11.1。

表 11.1 项目器材

名称	数量
Arduino Nano 控制板	1
Nano I/O Shield For Arduino Nano	1
拨动开关 SS-12F15G5，2 挡 3 脚	1
I^2C LCD1602 液晶屏模块	1
非接触式红外温度传感器	1
7.4V/2500mAh 锂电池	1
7.4V 锂电池充电器	1
杜邦线	若干
3D 打印机（Overlord Pro）	1
灰色、白色 PLA 3D 打印耗材	若干

11.1 电路连接

将 Arduino Nano 按对应针脚叠加在 Nano I/O Shield For Arduino Nano 扩展板上。LCD1602 液晶屏模块的 4 根线分别对应插在 Nano I/O Shield For Arduino Nano 扩展板的 I^2C 接口上，非接触式红外温度传感器的接法与之相同。

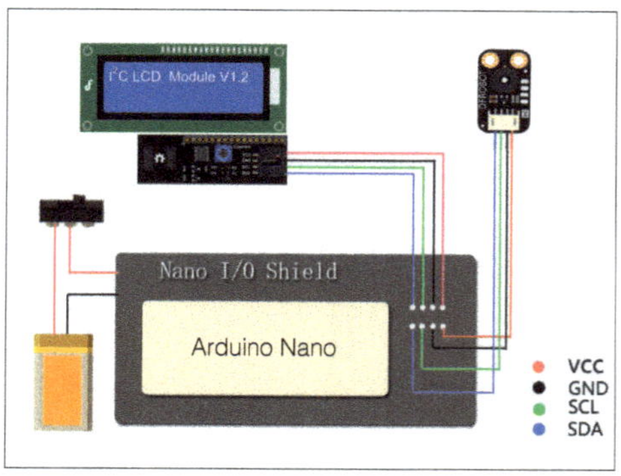

图 11.1 电路连接示意图

将锂电池正极线剪断，分别连在拨动开关的两个引脚上（供电和作为导线使用），负极与 Nano I/O Shield For Arduino Nano 扩展板相连，如图 11.1 所示。

11.2 代码编写

本次程序使用了两个库，请下载并更新库后使用。

```
#include <Wire.h>
#include <IR_Thermometer_Sensor_
MLX90614.h>
#include <LiquidCrystal_I2C.h>
IR_Thermometer_Sensor_MLX90614
MLX90614 = IR_Thermometer_
Sensor_MLX90614();
LiquidCrystal_I2C lcd(0x20,16,2);
void setup() {
  Serial.begin(9600);
  MLX90614.begin();
  lcd.init();
  lcd.backlight();
  lcd.home();
  lcd.print("Hello world...");
  lcd.setCursor(0, 1);
  lcd.print("dfrobot.com");
  }
void loop() {
  lcd.clear();
  lcd.print("tempture:");
  lcd.print(MLX90614.GetObject
Temp_Celsius());
  Serial.print("Object  = ");
  Serial.print(MLX90614.GetObject
Temp_Celsius());
  Serial.println(" *C");
  Serial.println();
  delay(1000);
}
```

11.3 结构建模与打印

各部件的 3D 模型与打印出来的实物如图 11.2~ 图 11.5 所示。

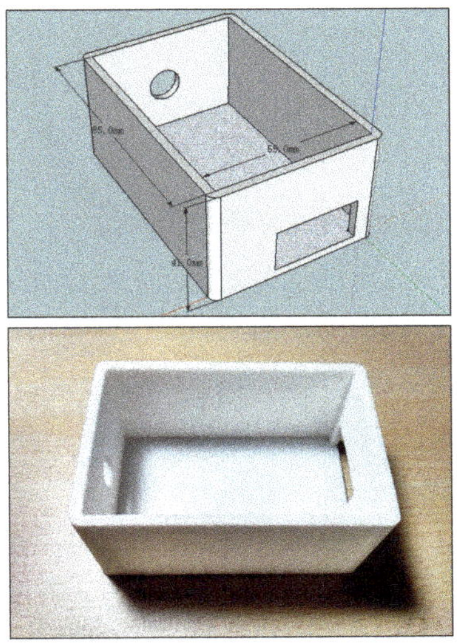

图 11.2 主控盒

图 11.3 主控盒盖

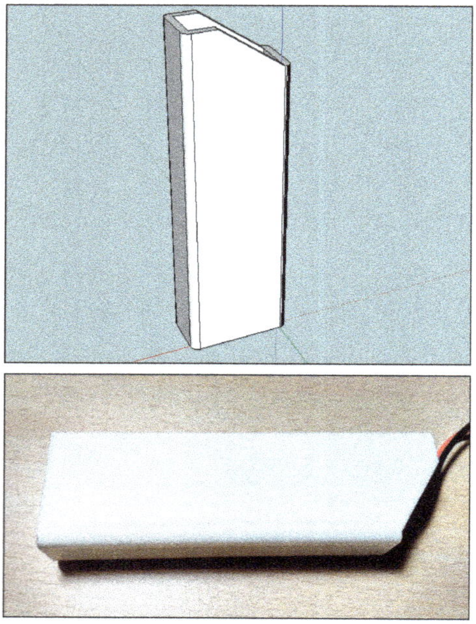

■ 图 11.4　电池仓

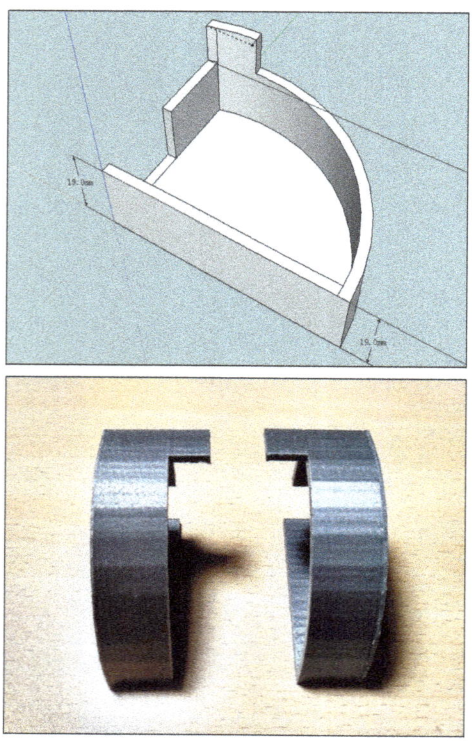

■ 图 11.5　接头

11.4　测量方法

本作品使用红外测温模块，需要先引入一个概念——“视场（FOV）”。视场是由温差电堆接收到 50% 的辐射信号来确定的，并且和传感器的主轴线相关，图 11.6 标明了视场角的大小。测量得到的温度其实是视场内被测物体的温度加权平均值，只有在被测物体完全覆盖红外传感器的视场的情况下才能保证测量精度。所以在实际应用中必须保证测温点终端与被测母线之间的距离满足要求才能保障测温的精度。

本作品使用的模块的视场角为 35°，tan35° = 被测物体半径 ÷ 红外传感器与被测物体之间的距离。例如，被测物体的半径为 5cm，测量距离在 7cm 内，测得的温度最准确。

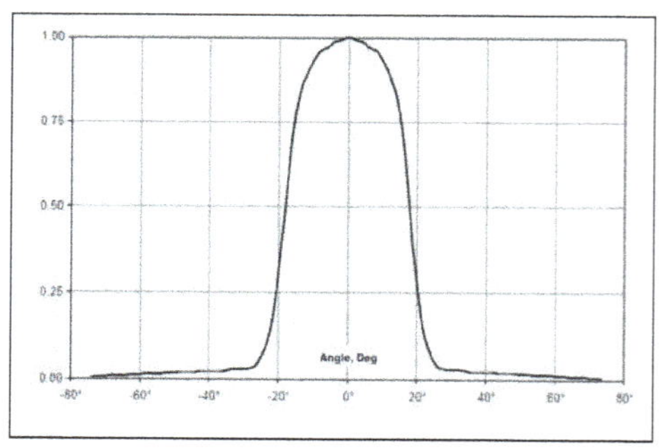

■ 图 11.6　传感器的视场角

12 激光报警器模型

作为电影里的终极防盗装备（见图12.1），激光防盗报警器可以利用看不见的红外线，帮你轻松抓住小偷。其实它还可以这样玩：家中爱宠不听话，又去了不准它去的地方，苦于无时间看管，何不来个激光报警器（见图 12.2）？你还可以用多套激光报警器或者增加几面镜子，来创造出一个真正的红外防盗网。

不过我们今天将给大家介绍最简单的应用：简易激光报警器模型。项目器材见表12.1。

图 12.1 电影里的激光防盗报警器

图 12.2 用激光报警器给宠物设立“禁区”

12.1 原理

简易激光报警器模型的工作原理是：一个激光发射器会发出一道光束，另外一个激光接收装置接收激光光束，当连接建立后，只要有任何物体阻挡了激光束，就会引发声光报警。

12.2 制作

测量：拿出激光发射器（见图 12.3）和激光接收器（见图 12.4），用游标卡尺测量

表 12.1 项目器材

名称	数量
Arduino UNO 控制板	1
LED	1
蜂鸣器	1
激光发射 / 接收器	1
拨动开关	1
9V 电池	1
杜邦线	若干

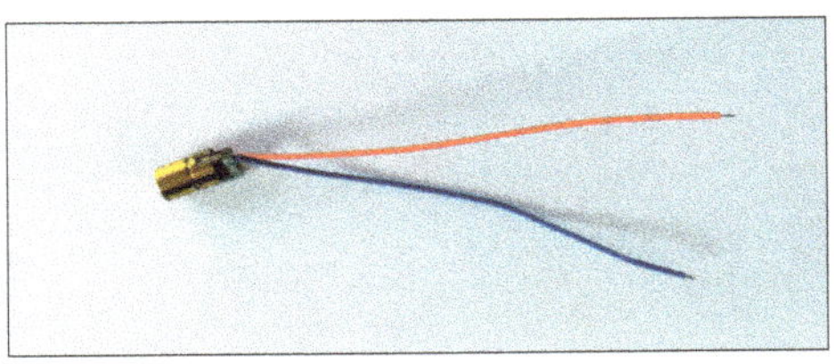

图 12.3 激光发射器

相关尺寸并记录下来，用于建模。

建模及打印：使用 SketchUp 为激光发射器和接收器建立支架和外壳的 3D 模型并打印（见图 12.5~ 图 12.8）。

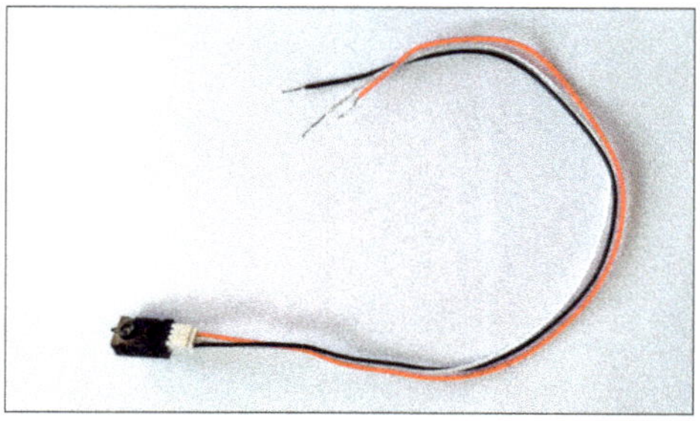

图 12.4 激光接收器

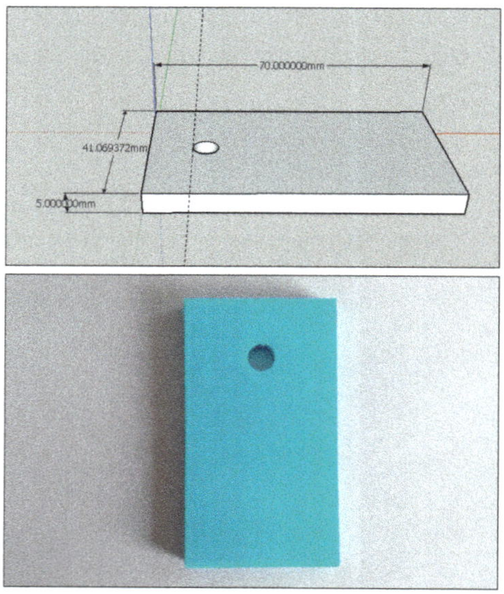

图 12.5 激光发射器支架模型和 3D 打印成品

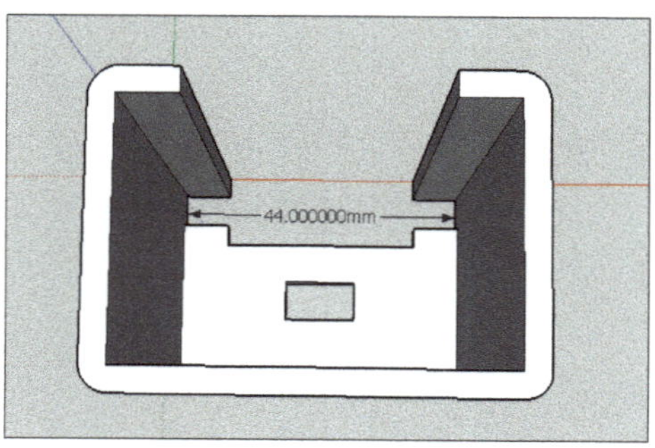

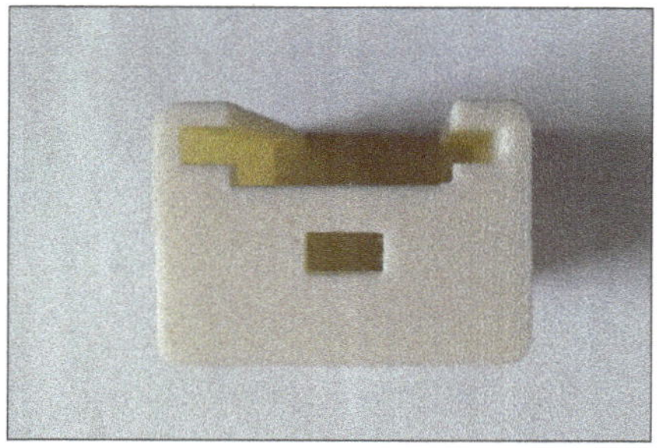

图 12.6 激光发射器外壳模型和 3D 打印成品

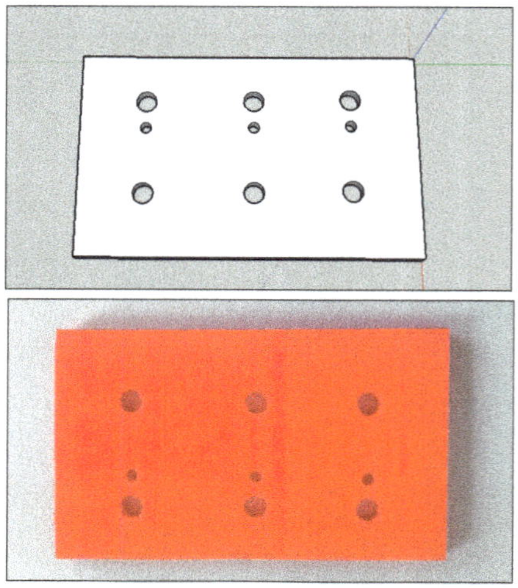

图 12.7 激光接收端支架模型和 3D 打印成品

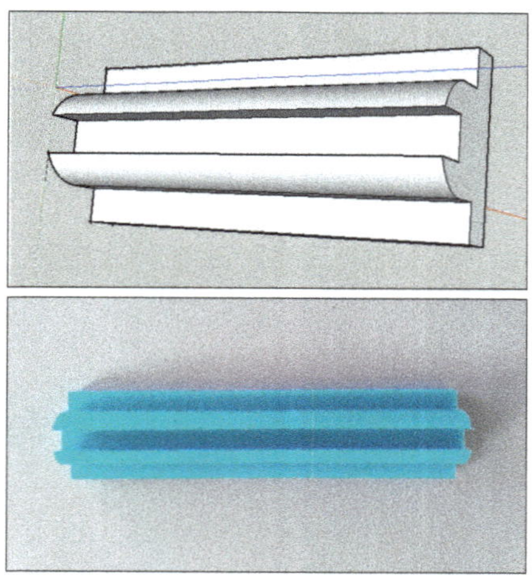

图 12.8 激光接收端底座模型和 3D 打印成品

12.3 安装

❶ 拿出激光发射器外壳和拨动开关，按下图所示方式，将开关安装在其顶部。

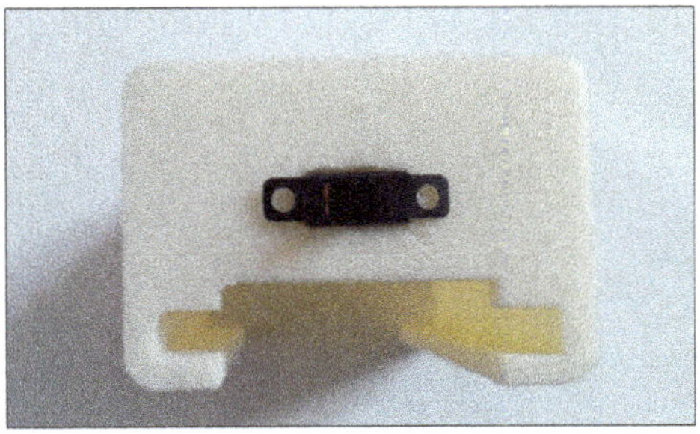

❷ 将激光发射器分别与开关一端引脚、电池负极连接。连接好后拨动开关，检测激光发射器是否能正常工作。

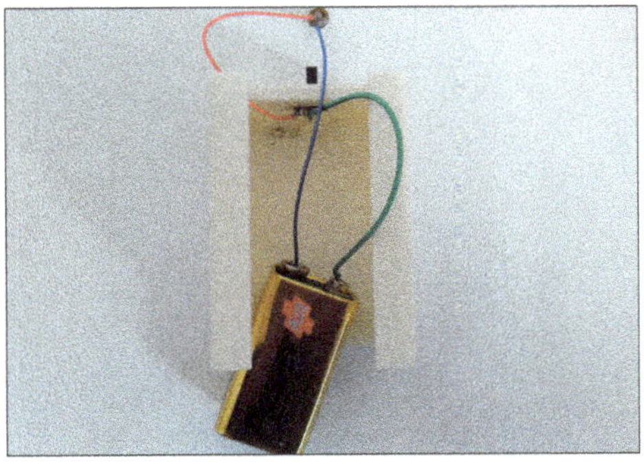

❸ 拿出激光发射器支架板，将激光头放入对应孔位。

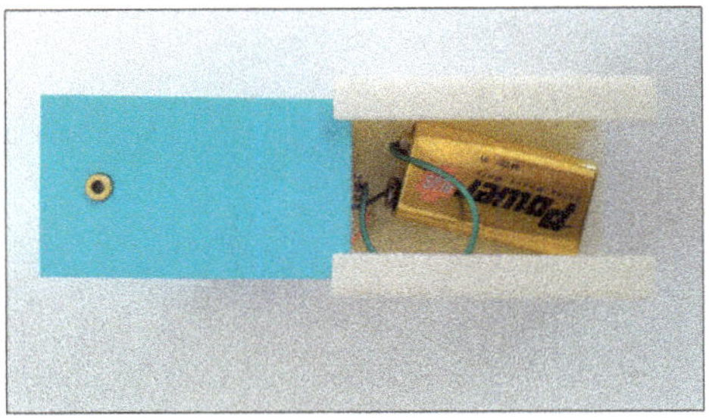

❹ 完成后效果如下。

❺ 将激光接收端支架板与底座按下图所示方式拼装起来。

❻ 拿出激光接收器，将其固定在支架板上。支架上还要安装用于声光报警的 LED 和蜂鸣器，连线可以从下方的孔引出。

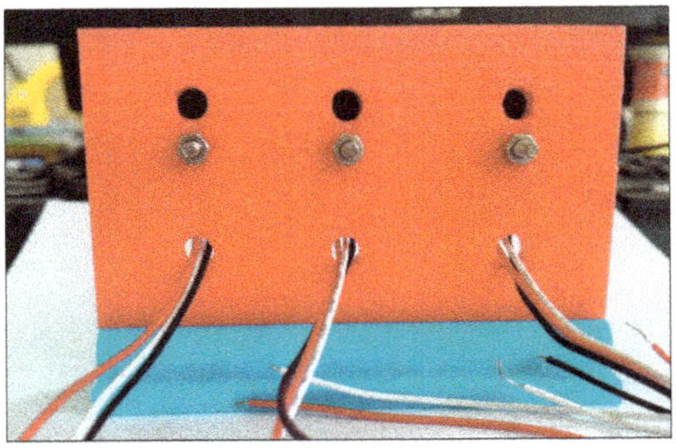

7 连线：激光接收器的 3 根线分别连接 Arduino 的 A0（白色）、+5V（红色）、GND（黑色），LED 接数字口 13，蜂鸣器接数字口 8。

12.4 代码

代码非常简单，其原理就是检测 A0 口的电压变化来判断光线是否被挡住，从而判断是否有入侵。有入侵则同时引发声光报警。

```
void setup()
{
  Serial.begin(9600);// 设置波特率
为 9600
  pinMode(13,OUTPUT);
  pinMode(8,OUTPUT);
}
void loop()
{
  uint16_t val;
  double dat;
  val=analogRead(0);
  dat = (double) val * (5/10.24);
  Serial.println(dat);
  delay(100);
  if (dat>300)
  {digitalWrite(13,HIGH);
    tone(8,100);
  }
  else
  {
    digitalWrite(13,LOW);
    noTone(8);
    pinMode(8,INPUT);
  }
}
```

12.5 扩展

如果你觉得一个激光报警器不够玩，那就多来几个，做个多路的激光报警器（见图 12.9）。你也可以用它制作密室逃脱的道具。

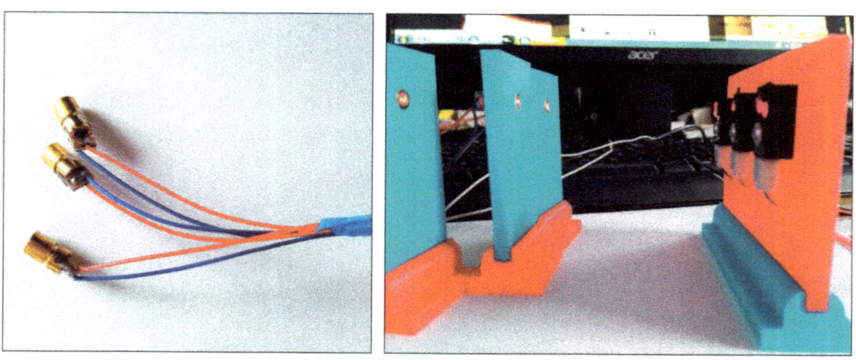

■ 图 12.9 多路激光报警器

13 水箱水质、水位监测系统模型

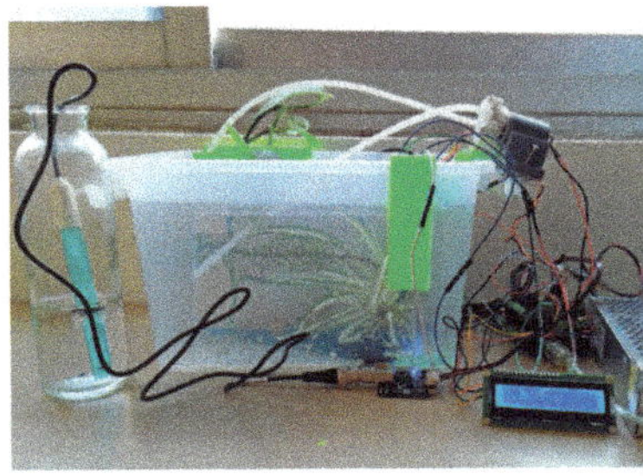

苏教版《技术与设计 2》第 4 章第 2 节“控制系统的过程与方式”以一个游泳池注水控制系统作为案例介绍控制系统，而我们之前在讲课时也做了个简单的水位报警装置模型（见图 13.1）激发学生学习的兴趣，但其功能相对单一，只有监测水位是否达到警戒值的作用。当水位达到警戒值时，LED 报警灯亮起，蜂鸣器响起。

而我们今天要制作的这个水质、水位监测系统模型（见题图），则要实现水的温度、浊度、pH 值、分段水位深度的监测及简单处理。项目器材见表 13.1。

13.1 功能设计

水位的监测及简单处理：水箱里的水位监测及显示，缺水、水满时的自动水位控制。

水质的监测：水温、pH 值、水质浊度的显示。

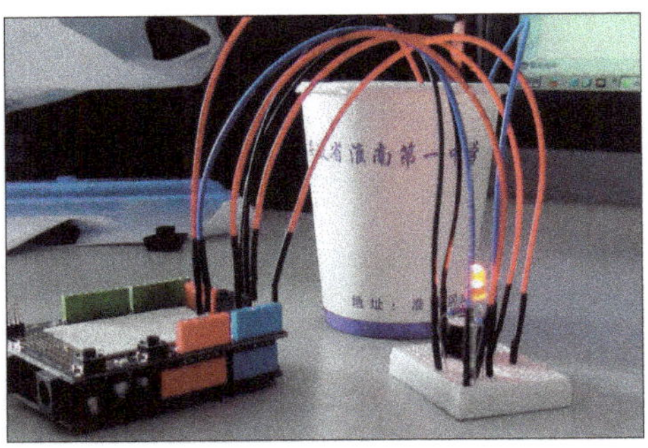

图 13.1 水位报警装置模型

表 13.1 项目器材

名称	数量
DFRduino MEGA2560 V3.0 控制板	1
电机驱动板	1
I/O 传感器扩展板 V7.1	1
模拟 pH 计（Arduino 兼容）	1
水质浊度传感器	1
DS18B20 防水温度传感器套件	1
1kΩ 电阻	4
导线	若干
I^2C LCD1602 液晶屏模块（兼容 Arduino Gadgeteer）	1
开关电源	1
水泵	1
硅胶软管	1
塑料收纳盒	1
3D 打印件	若干

13.2 水位传感器的制作

由于没有现成的多段水位传感器，我们使用多根导线与水导通来验证水位的高低。不过这种检测导线需要稍微加工一下，取出 3 根导线，红色线与 1kΩ 电阻连接后与白色线焊接，黑色线与白色线焊接（见图 13.2）。

与之类似的水位监测线再制作 3 根，分别代表水位的 0、33%、66%、100%。为了使水温监测线相对准确、安装方便，使用 SketchUp 设计水位传感器的安装支架，3D

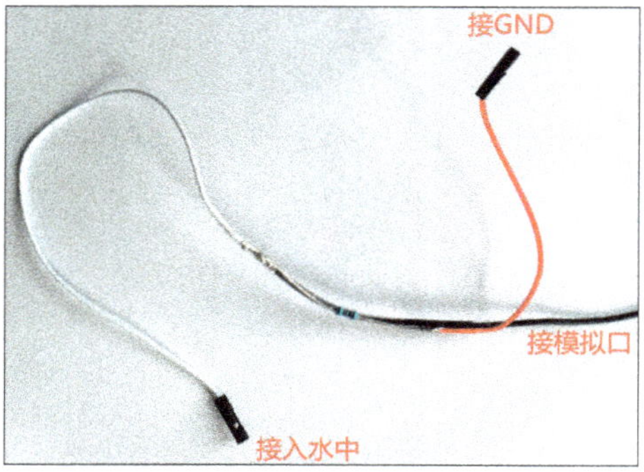

■ 图 13.2 水位传感器导线

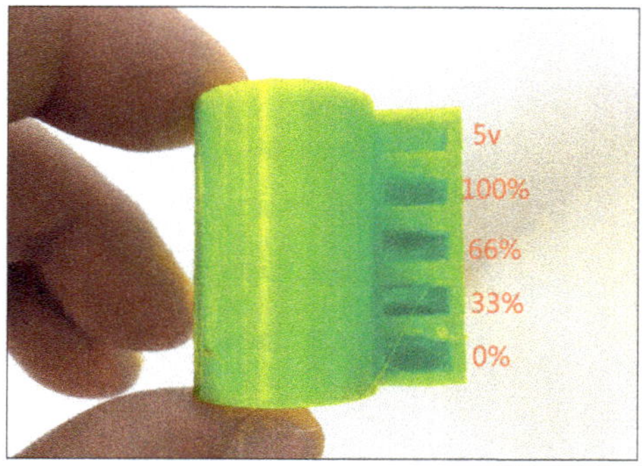

■ 图 13.4 水位传感器安装支架

模型设计图和 3D 打印实物如图 13.3~ 图 13.5 所示。

■ 图 13.5 安装水位传感器后的样子

13.3 浊度传感器

浊度传感器利用光学原理，通过测量溶液中的透光率和散射率来综合判断溶液浊度情况，从而达到检测水质的目的。传感器内部是一个红外线对管，当光线穿过一定量的水时，光线的透过量取决于该水的污浊程度，水越污浊，透过的光就越少。该传感器模块通过数模切换开关，可以选择输出的是模拟量还是数字量。如果选择输出数字量，通过模块上的电位器调节触发阈值，当浊度达到设置好的阈值后，Dout 指示灯会被点亮，传感器模块输出由高电平变成低电平。单片机通过监测该电平的变化，就可以知道水的浊度超标，从而发出预警或者联动其他设备。如果选择输出是模拟量，利用 A/D 转换器进行采样处理，单片机就可以获知当前水的污浊程度。我们这里选择输出模拟量。

浊度传感器的监测端如图 13.6 所示，其底部是防水的，而顶部是不防水的，因此我们需要为其设计安装支架。利用 SketchUp 设计 3D 模型并将其打印出来（见

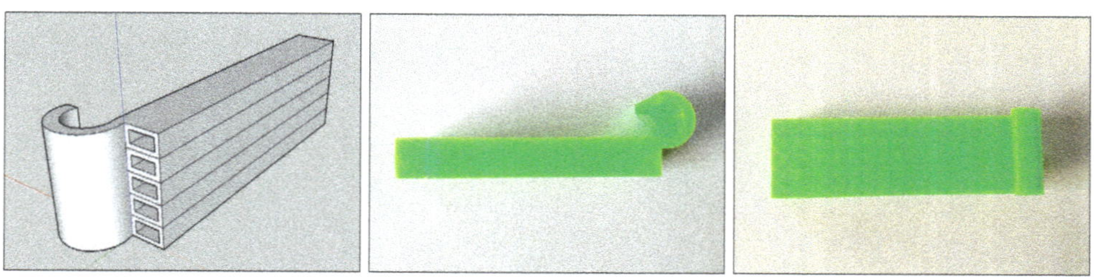

■ 图 13.3 水位传感器安装支架 3D 模型和单层 3D 打印实物

图 13.7、图 13.8）。

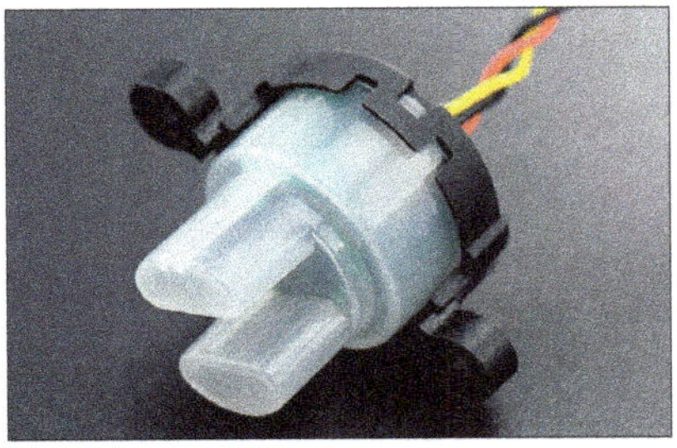

■ 图 13.6 浊度传感器监测端

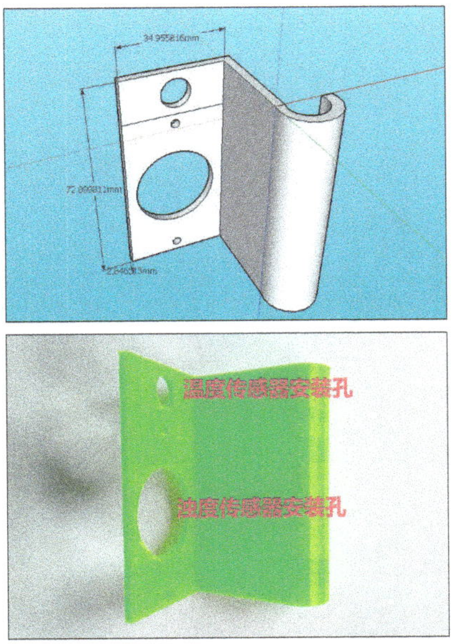

■ 图 13.7 浊度传感器和温度传感器安装支架 3D 模型和 3D 打印实物

■ 图 13.8 浊度传感器和温度传感器的安装效果

13.4 温度传感器

DS18B20 是一款防水温度传感器，可用于土壤温度检测、热水箱温度控制等，配合 Plugable Terminal 转换器，可以直接与 Arduino 连接。

13.5 模拟 pH 计

模拟 pH 计用来测量水溶液中的氢离子活度，即 pH 值。电极在每次连续使用前，均需要使用标准缓冲溶液进行校正，为取得更正确的结果，环境温度最好在 25℃左右，已知 pH 值要可靠，而且其 pH 值越接近被测值越好。如果你测量的样品为酸性的，请使用 pH 值为 4.00 的缓冲溶液对电极进行校正；如果你测量的样品为碱性的，请使用 pH 值为 9.18 的缓冲溶液对电极进行校正。分段进行校准，只是为了获得更好的精度。pH 电极每测一种 pH 值不同的溶液，都需要使用清水清洗，建议使用去离子水清洗。

为保证测量精度，建议使用校准液对 pH 计定期校准，以防止出现较大误差。一般半年校准一次，如果测量的溶液中含有较多杂质，建议增加校准次数。

注意：由于传感器采用玻璃电极和参比电极组合在一起的塑壳不可填充式复合电极导通来测量水溶液中的氢离子活度，与水位传感器互相干扰，故将 pH 计放置在另外的水体里（见图 13.9）。

13.6 电路连接

将各个设备按图 13.10 所示方式连接。将 pH 电极连接到 pH meter 电路板的 BNC 接口，然后用模拟连接线，将 pH meter 电

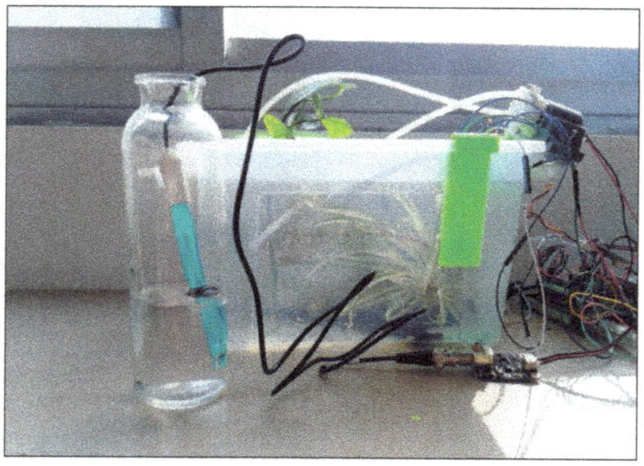

■ 图 13.9 pH 计的安装

路板连接到 Arduino 主控器的模拟口 5。对 Arduino 主控器供电后，可以看到 pH meter 电路板的蓝色指示灯变亮（见图 13.11）。

13.7 测试差值

将 pH 电极插入 pH 值为 7.00 的标准溶液中，或者直接短接 BNC 接口的两个输入端，打开 Arduino IDE 的串口监视器，可以看到打印出的当前 pH 值，误差不会超过

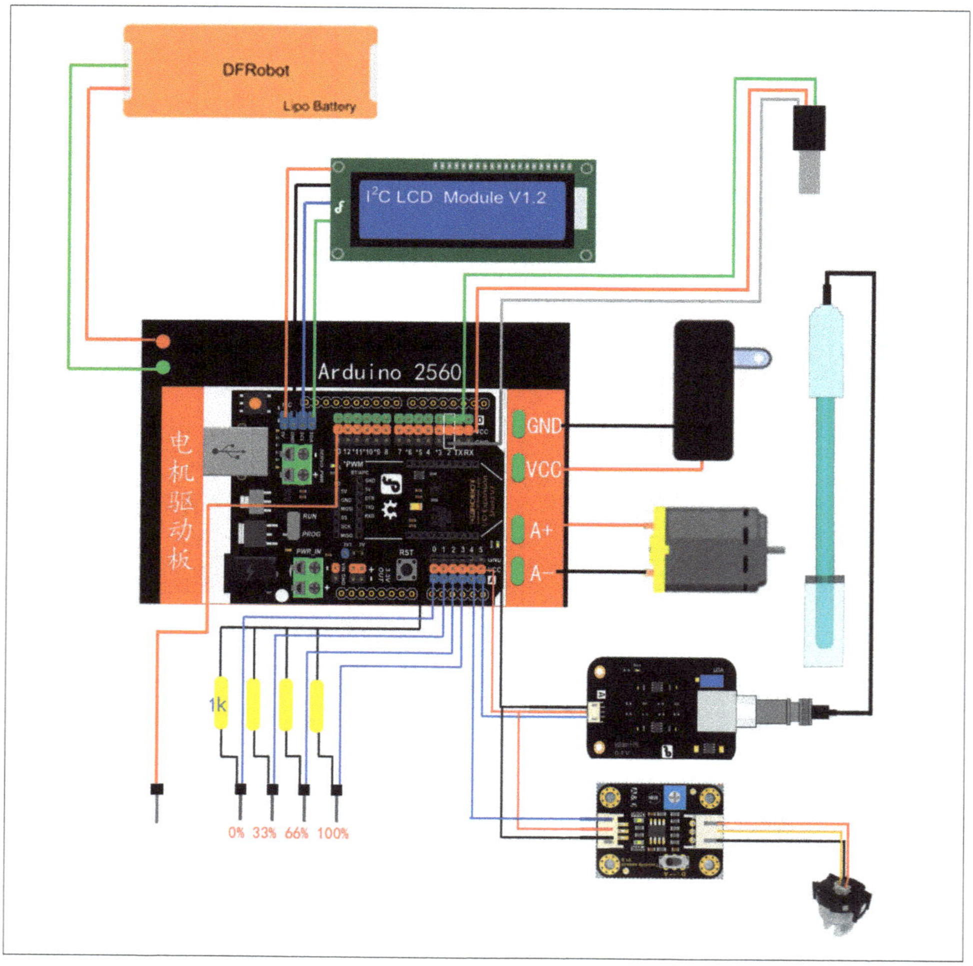

■ 图 13.10 电路连接示意图

0.3。记录下此时打印的值，然后与 7.00 相比，把差值（差值 =7.00– 打印值）修改到程序中的 Offset 处（见图 13.12）。比如，打印出的 pH 值为 6.88，则差值为 0.12，应在样例程序中把“#define Offset 0.00”改成“#define Offset 0.12”。

13.8　水泵

将水泵的正负极分别接在电机控制板上的 A+ 和 A- 上，表 13.2 为 I/O 口的控制功能表，如果使用电机时还接驳其他设备，应避免占用这些 I/O 口。

图 13.11 pH meter 电路板的蓝色指示灯变亮

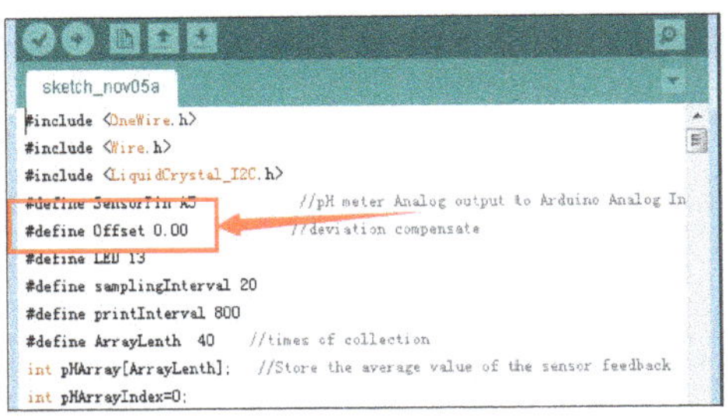

图 13.12 差值修改

从表 13.2 我们可以知道，驱动一个电机需要有 3 个参数：首先是方向，对应 I/O 口的高电平为一个方向，低电平为反方向，这样我们就可以通过这个参数的设置来实现水泵抽水和放水；然后就是速度，这个使用 PWM 的方式控制，给予其不同的占空比会获得对应的速度；最后是刹车，刹车的意思就是是否将电机的两极短接，短接两极后，电机旋转会有非常大的阻尼，能量由续流二极管吸收，进而起到制动的作用。

系统的运行效果如图 13.13 所示。

表 13.2　I/O 口的控制功能

功能	电机 A	电机 B
方向	D12	D13
速度（PWM）	D3	D11
制动（刹车）	D9	D8

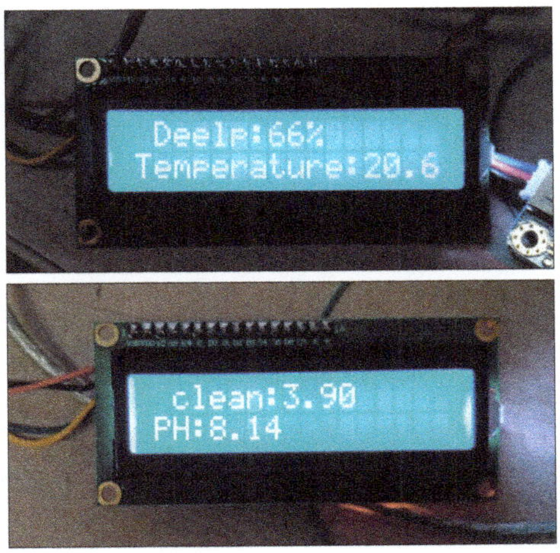

图 13.13 测量结果

第5章 创意制作

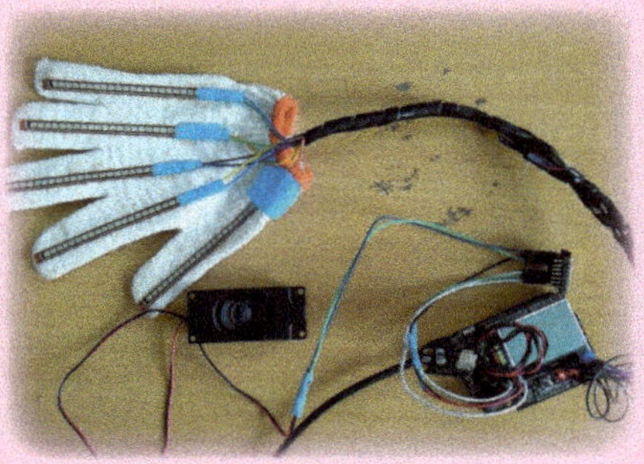

14 蓝牙通信的厨下燃气报警器
15 简单手语发声机
16 可触发拍照的监控器

14 蓝牙通信的厨下燃气报警器

天然气给现代人的生活带来了很多便利，但任何事情总是具有两面性的，如果天然气泄漏，是十分危险的。为了保证安全，人们通常在燃气容易发生泄漏的地方安装燃气报警器。而燃气报警器检测端通常置于灶台下方，当燃气泄漏时，报警器上的 LED 亮起。不过你得打开橱柜的门把头伸进去才能看见。即使我们在检测端加上声音，也很难听到。很显然，这样的方式不够方便。于是我们设计了一个台上报警端，以声音和炫彩LED灯光提示用户，由于它使用蓝牙通信，你甚至在厨房之外就可以了解到厨房内的燃气是否泄漏。项目器材见表 14.1。

14.1 结构件建模

本作品由检测端和报警端两部分构成。

检测端由电池盒、顶盖板、底盖板 3 部分构成。

报警端由灯带圆盒和主控盒构成。

表 14.1 项目器材

名称	数量
Bluno Beetle 控制板	2
MQ2 烟雾传感器	1
RGB LED 灯带	1
蜂鸣器	1
白色 LED	1
3.7V 锂电池	2
杜邦线	若干

14.1.1 电池盒

❶ 打开 SketchUp，单击菜单“镜头”→“标准视图”→“顶部”，使用矩形工具绘制一个 51mm × 32mm 的矩形。

❷ 使用偏移工具将矩形向外侧偏移 2mm 作为壁厚。

❸ 使用拉伸工具将内部和外框向上拉伸 2mm。

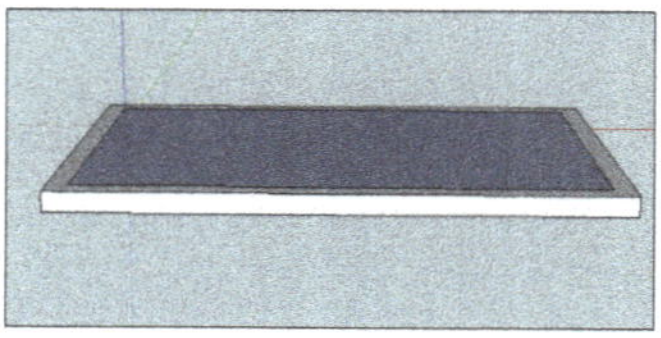

❹ 使用环绕观察工具将其翻转到底部，用直线工具将其封闭。

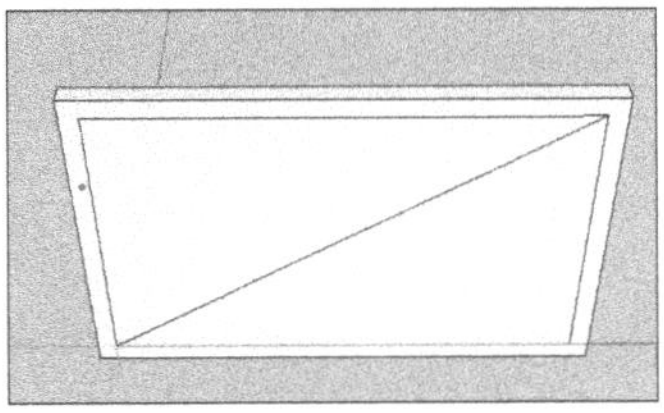

❺ 将刚绘制的直线删除，并使用拉伸工具将外框拉伸 10mm。

❻ 翻转到顶部平面，使用拉伸工具将外框拉伸 15mm。

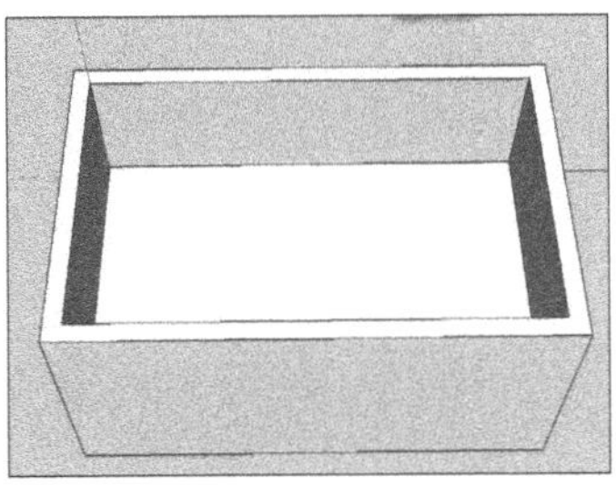

❼ 使用圆形工具绘制一个半径为 2.5mm 的圆形，并用拉伸工具在底面上打孔。

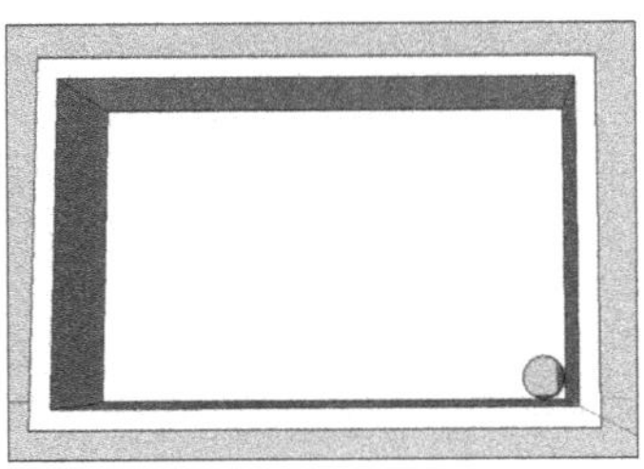

14.1.2 底盖板

❶ 以电池盒模型第 3 步为基础，使用偏移工具将内部框线向内偏移 1.5mm。

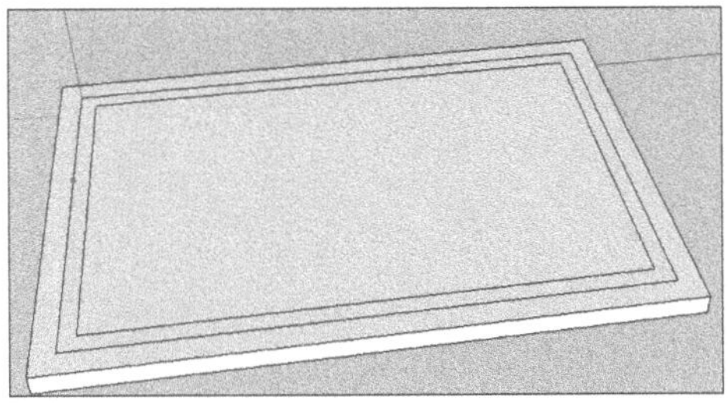

❷ 将中间的框向上拉伸 2mm。

14.1.3 顶盖板

❶ 以底盖板为基础，使用直线工具绘制底面对角线，以其交点为圆心绘制一个半径为 9mm 的圆形。

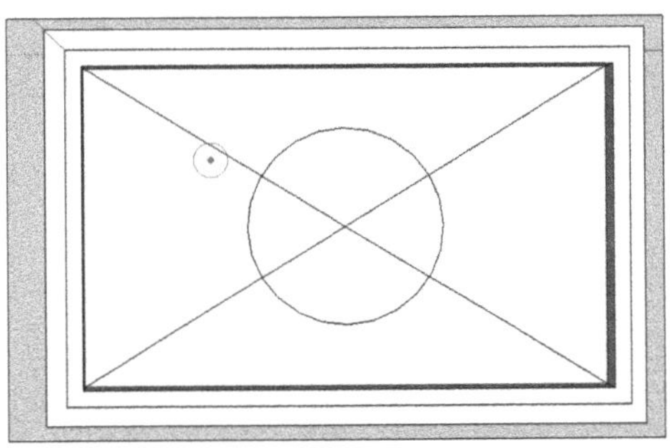

❷ 选中圆形外框线，将图元信息中的段数改为 99，使用推拉工具在底面上打出一个孔。

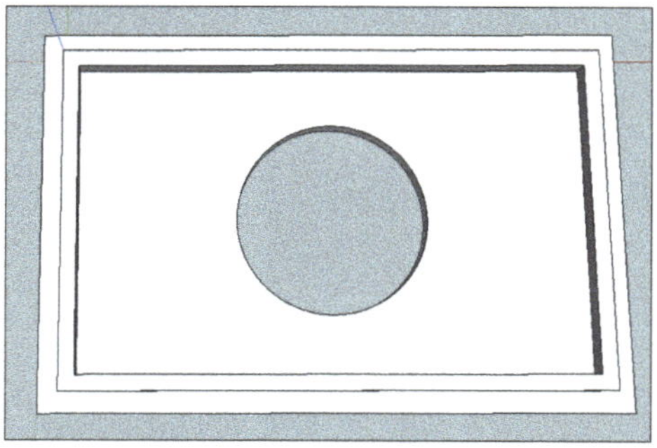

❸ 以同样的方法制作一个半径为 2.2mm 的孔。

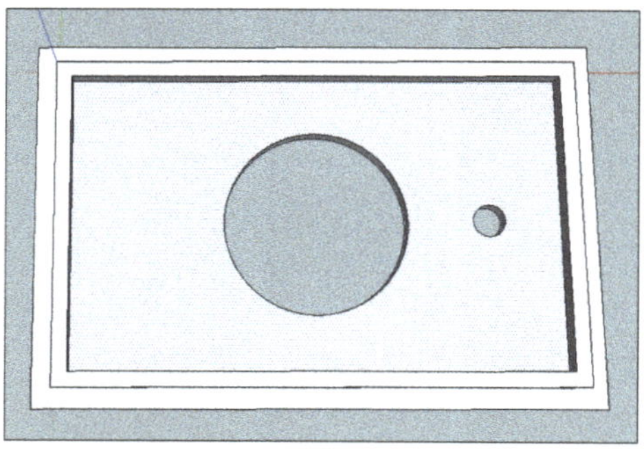

14.1.4 灯带圆盒

❶ 切换到顶视图，使用圆形工具绘制一个半径为 40mm 的圆形。

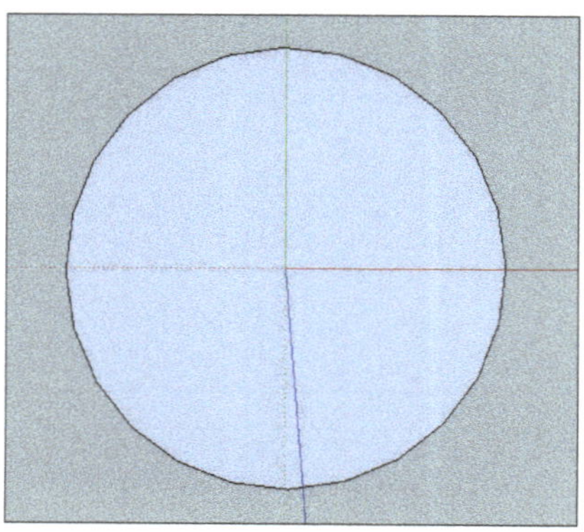

❷ 在圆形外圈上单击鼠标右键，选择“图元信息”，将段的值设为 99。

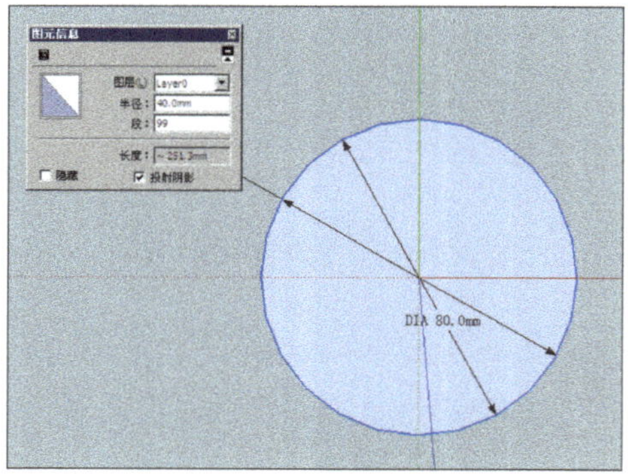

❸ 使用拉伸工具将圆形向上拉伸 3mm。

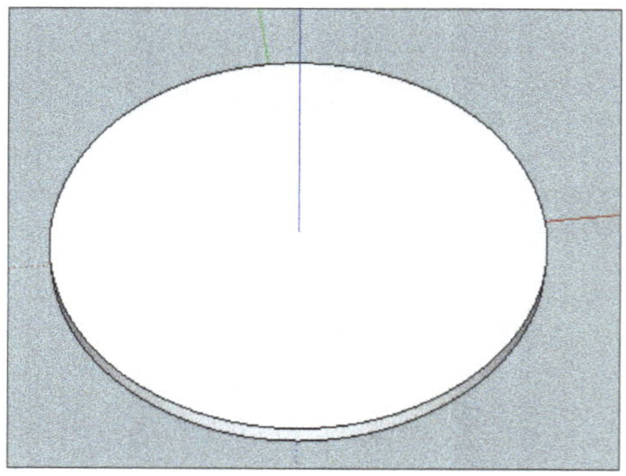

❹ 使用偏移工具将圆形向内偏移 1.5mm。

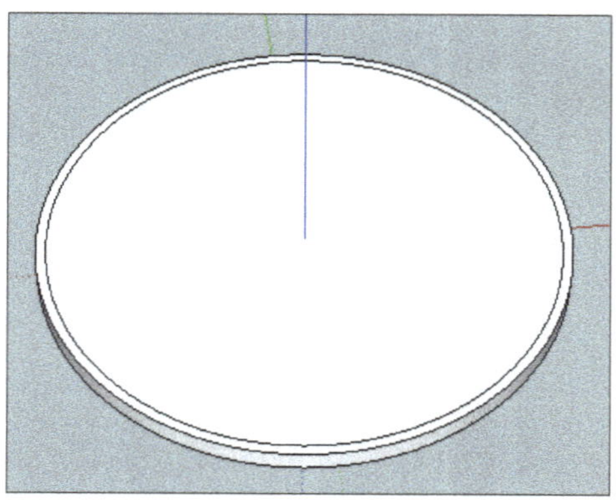

❺ 再次使用偏移工具将内圈圆形向内偏移 1.5mm。

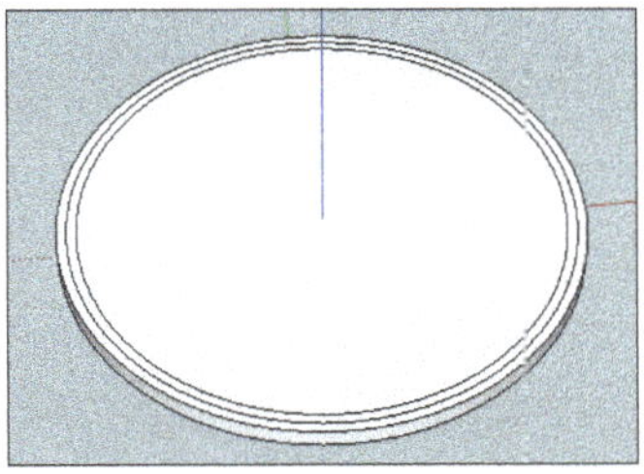

❻ 使用拉伸工具将外框圆环向上拉伸 11mm。

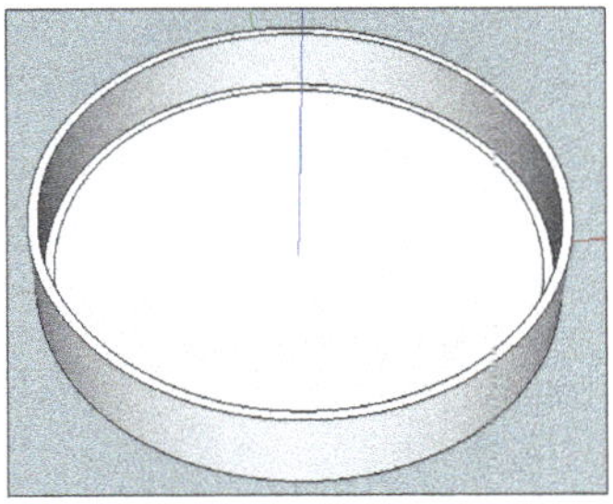

❼ 使用偏移工具将内圈圆形向内偏移 2mm。

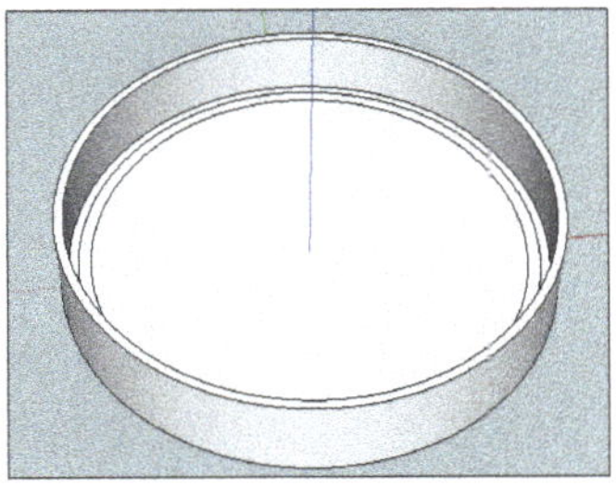

❽ 将内框圆环向上拉伸 2mm。

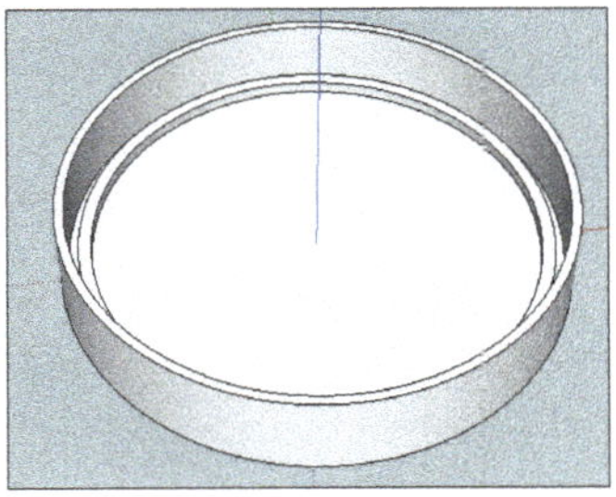

❾ 切换到顶视图，以原点为圆心绘制一个半径为 6mm 的圆形。

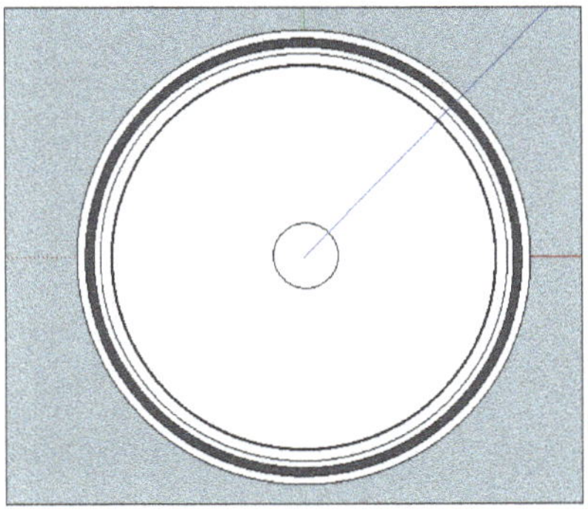

❿ 使用推拉工具将刚绘制的圆形打出孔。

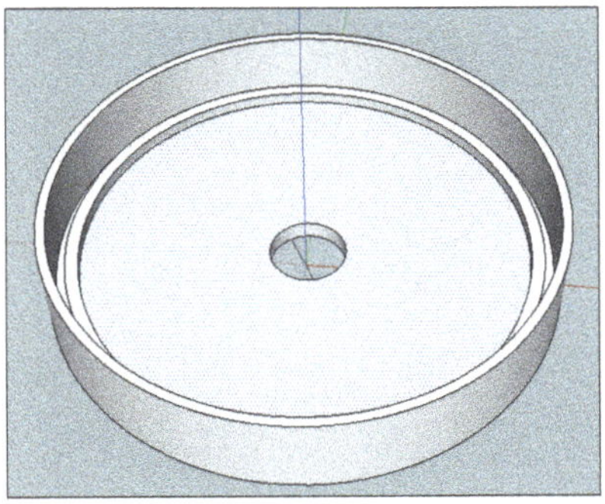

14.1.5 主控盒

❶ 切换到顶视图，使用矩形工具绘制一个 48mm × 39mm 的矩形。

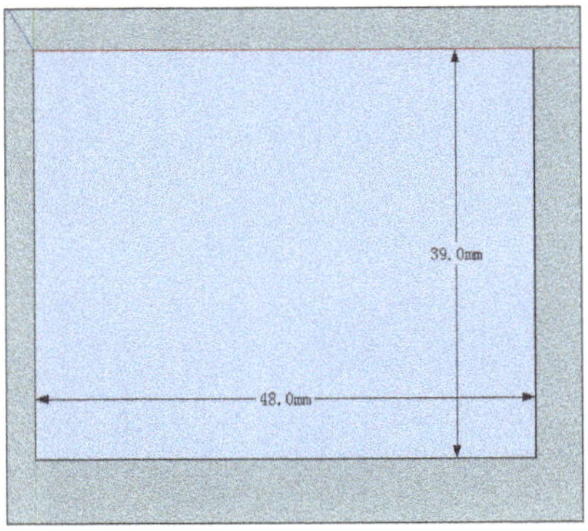

❷ 使用偏移工具将矩形向外偏移1.6mm。

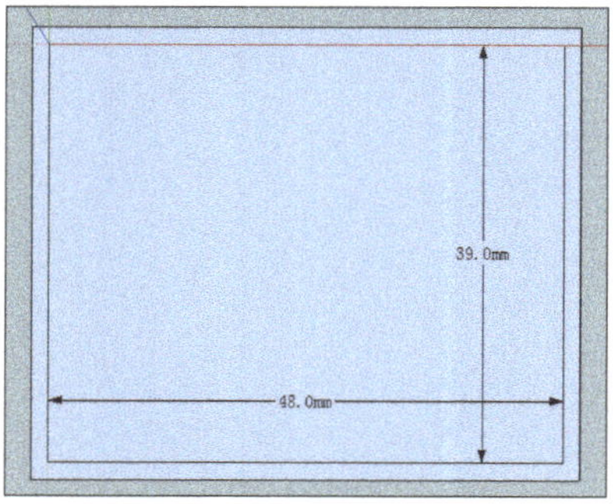

❸ 使用圆弧工具绘制圆角。

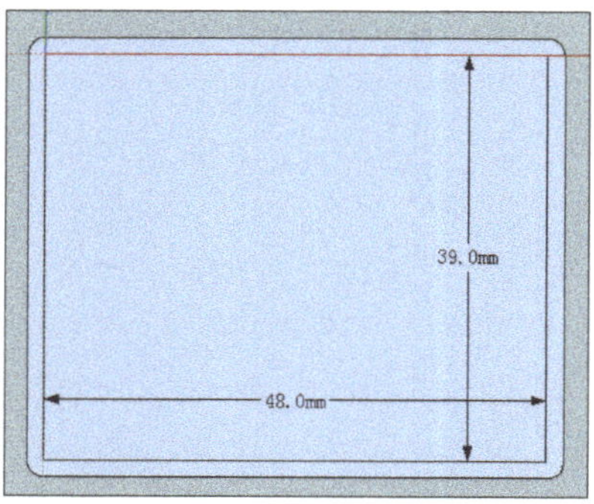

❹ 使用拉伸工具将外框拉伸27mm，将内部底面拉伸2mm。

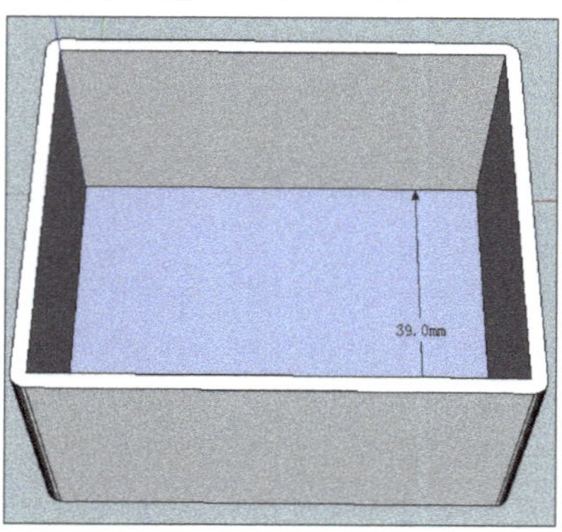

❺ 翻转到底部，使用直线工具封闭底部，并删除多余线段。

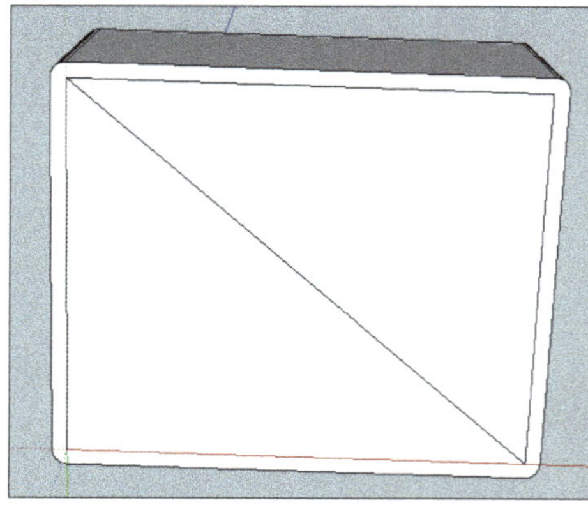

❻ 在矩形39mm宽的一面绘制一个19mm×6mm的矩形。

❼ 使用推拉工具，打出一个矩形孔位。

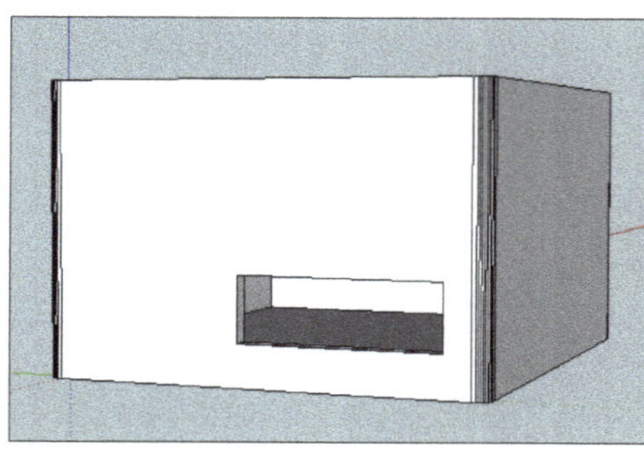

14.2 电路连接

电路连接如图 14.1、图 14.2 所示。

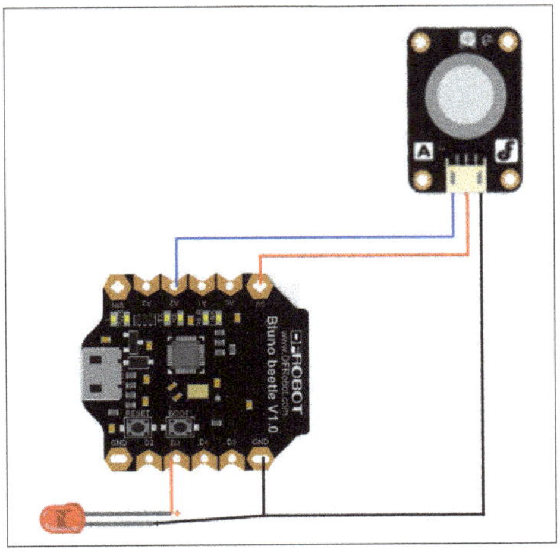

■ 图 14.1 检测端电路连接示意图

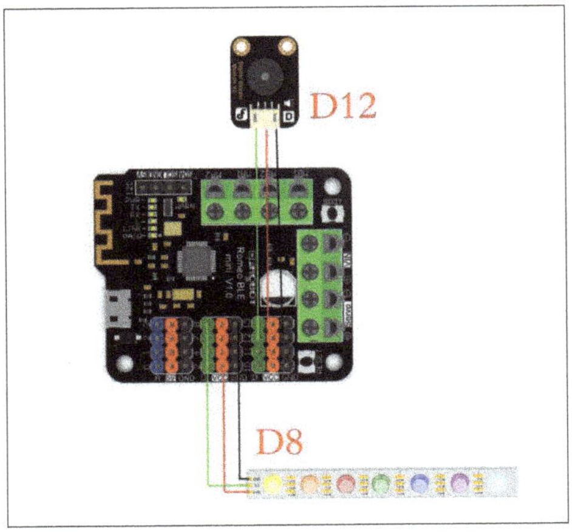

■ 图 14.2 报警端电路连接示意图

14.3 组件安装

14.3.1 检测端的安装

分别将电池、Bluno Beetle 控制器、烟雾传感器安装在电池盒里，再将底层盖板和顶层盖板盖上，如图 14.3 所示。

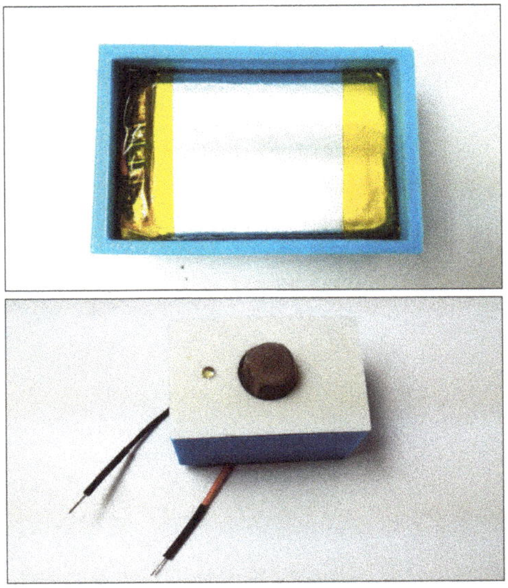

■ 图 14.3 检测端的安装

14.3.2 报警端的安装

将 RGB 炫彩 LED 灯带安装在灯带圆盒的侧壁上，导线从圆盒的中心孔穿出，如图 14.4 所示。

再将蜂鸣器模块粘贴在圆盒中心孔上，导线从中心孔穿出，如图 14.5 所示。

把控制板安装在主控盒中，并将灯带和蜂鸣器模块与控制板的 D8、D12 引脚连接，再用 AB 胶将圆盒与主控盒粘接，如图 14.6 所示范。

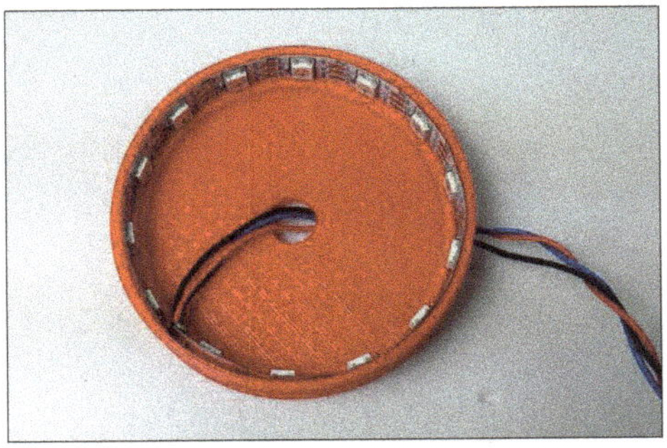

■ 图 14.4 安装 RGB 炫彩 LED 灯带

■ 图 14.5 安装蜂鸣器

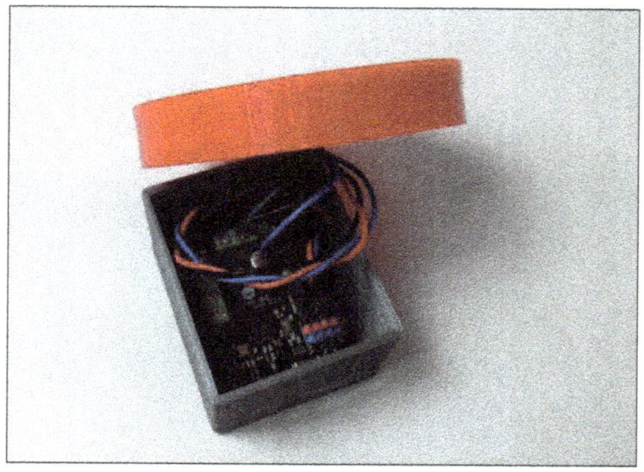

■ 图 14.6 装入控制板

14.4 程序编写

烟雾传感器检测到燃气泄漏后，通过串口发出信号。报警端通过蓝牙接收信号后发出报警声和炫目灯光效果。

将烟雾传感器上电后，安放在厨房燃气灶下的燃气接入口旁，当有燃气泄漏时，检测端的 LED 会亮起，同时报警端的炫彩 LED 也会亮起，蜂鸣器发出报警声。

15 简单手语发声机

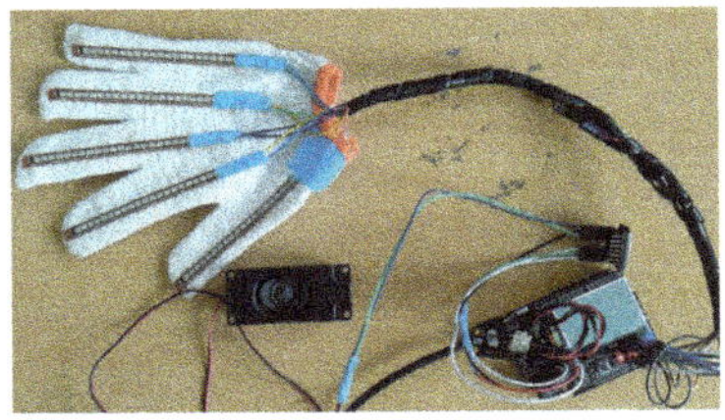

手语是聋哑人进行沟通的主要途径，但懂得手语的普通人却不多。如何帮助这些特殊人群，让更多的人能够理解他们所要表达的意思呢？我们制作了手语发声机，期望在一定程度上提高聋哑人这个特殊群体与普通人的沟通效率。聋哑人借助该手语发声机，可以将手语表达转换成我们正常人可以听懂的语言，从而达到与正常人交流的目的。

这款手语发声机器使用了 Arduino 控制板，结合 5 根 flex 单向弯曲传感器来识别手指姿态，通过 DFPlayer Mini MP3 播放模块播放识别的语音，系统框架如图 15.1 所示。项目器材见表 15.1。

表 15.1 项目器材

名称	数量
Arduino Uno 控制板	1
LCD12864 显示屏	1
flex 单向弯曲传感器	5
DFPlayer Mini MP3 播放模块	1
TF 卡	1
小扬声器	1
1kΩ 电阻	5
杜邦线	若干

15.1 组装连接

弯曲传感器会将弯曲程度转换成电阻值的变化，但是我们要对该传感器进行相应改造，以获取合适的数值，本次使用下拉电阻（1kΩ），如图 15.2 所示。

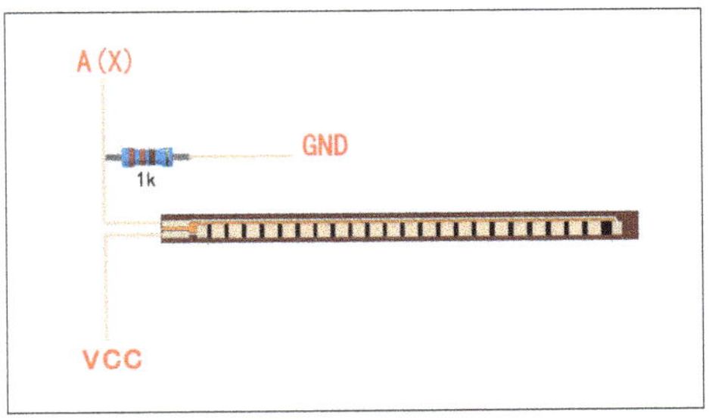

图 15.2 为弯曲传感器添加下拉电阻

将焊接好的弯曲传感器用 AB 胶粘在手套的 5 根手指上，注意弯曲传感器焊接部位务必用胶带或绝缘材料包裹，以免在使用过程中弄断（见图 15.3）。

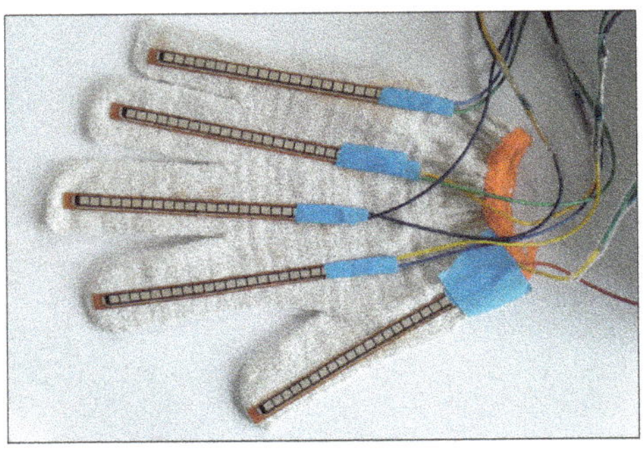

图 15.3 将焊接好的弯曲传感器用 AB 胶粘在手套的 5 根手指上

图 15.1 系统框架

5 根手指上的弯曲传感器的测量引脚分别连接 Arduino 控制板上的 A1~A5，其他连线按图 15.2 所示的接法来接。MP3 播放模块、小扬声器与 Arduino 的连接方法如图 15.4 所示。

15.2 弯曲传感器的输出值

图 15.5 分别代表弯曲传感器平直、45° 弯曲、90° 弯曲状态，通过串口监视器可以查看到 3 种状态下的电压（0~5V 对应 0~1023）。经过实际测量，平直状态下串口输出值为 80，45° 弯曲时串口输出值为 60 左右，而 90° 弯曲时串口输出值为 30~40。

15.3 语音素材

从网上下载或者自己录制一部分语音素材，将其复制到 TF 卡里。注意 TF 卡里的

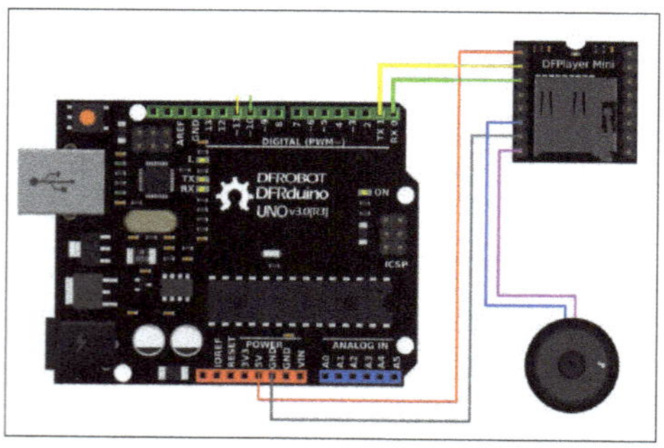

■ 图 15.4 MP3 播放模块、小扬声器与 Arduino 的连接方法

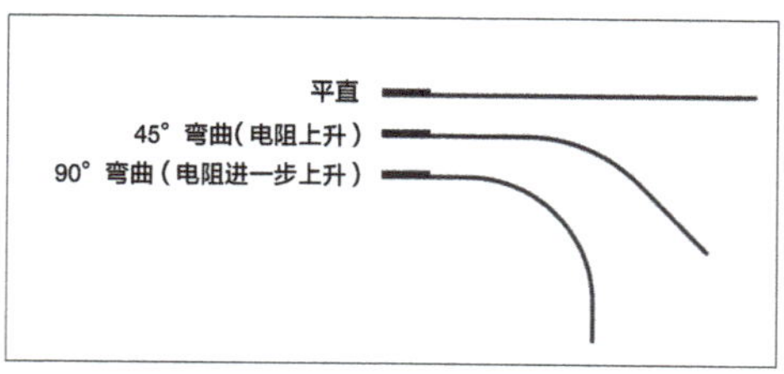

■ 图 15.5 弯曲传感器的状态

文件夹要命名为 mp3，放置在卡的根目录下，而 mp3 文件需要命名为 4 位数字，例如“0001.mp3”，放置在 mp3 文件夹下。如需中英文命名，可以添加在数字后，如“0001hello.mp3”或“0001 语音 .mp3”。

15.4 定义动作

手语的识别是根据手势的姿态进行判断的，而这里手势姿态是通过弯曲传感器的串口值来表达的。为了提高识别的准确率，事前定义明确的动作显得尤为重要。例如，表示 OK 的手势如图 15.6 所示。

我们就可以将其定义为拇指和食指弯曲角度达到 90°，对应串口值的条件为“(sensorValue1<40) and (sensorValue2<40)”，此时触发播放对应的语音。如果想让动作识别更加准确，可以添加更细致的检测（比如其他手指的状态）。用同样的方法可以定义多个语音手势。

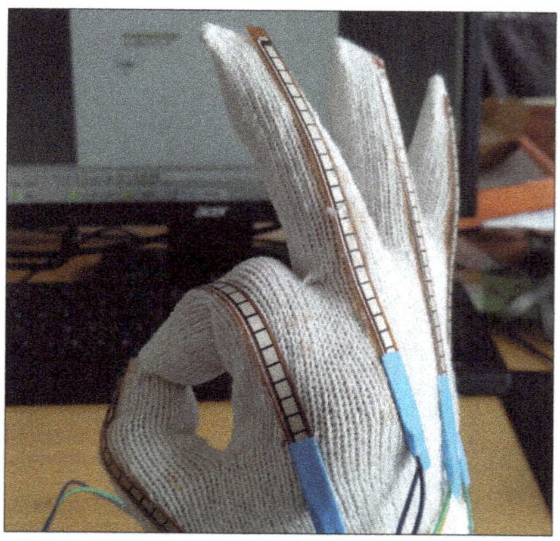

■ 图 15.6 系统实测

15.5 代码编写

```
#include <SoftwareSerial.h>
#include <DFPlayer_Mini_Mp3.h>
void setup() {
  Serial.begin(9600);
  mp3_set_serial (Serial);
  mp3_set_volume(100);
}
void loop() {
  int sensorValue1 = analogRead
(A1);
  int sensorValue2 = analogRead
(A2);
  int sensorValue3 = analogRead
(A3);
  int sensorValue4 = analogRead
(A4);
  int sensorValue5 = analogRead
(A5);
  Serial.println(sensorValue1);
  Serial.println(sensorValue2);
  Serial.println(sensorValue3);
  Serial.println(sensorValue4);
  Serial.println(sensorValue5);
  if ((sensorValue1<40) and
((sensorValue2<40))
  {
    digitalWrite(12,HIGH);
    mp3_play (0001);
    delay(3000);    }
  else
  {
    digitalWrite(12,LOW);
  }
  if (sensorValue2<40)
  {
    digitalWrite(12,HIGH);
    mp3_play (0002);
    delay(3000); //for light
   }
  else
  {
    digitalWrite(12,LOW);
  }
  if (sensorValue3<40)
  {
    digitalWrite(12,HIGH);
    mp3_play (0003);
    delay(3000); //for light
   }
  else
  {
    digitalWrite(12,LOW);
  }
  if (sensorValue4<40)
  {
    digitalWrite(12,HIGH);
    mp3_play (0004);
    delay(3000); //for light
   }
  else
  {
    digitalWrite(12,LOW);
  }
   if (sensorValue5<40)
  {
    digitalWrite(12,HIGH);
    mp3_play (0005);
    delay(3000); //for light
   }
  else
  {
    digitalWrite(12,LOW);
  }
}
```

15.6 运行测试

系统上电后，手指做出不同的手势，带动弯曲传感器形成不同的角度，经系统识别后，就可以发出不同的语音。

16 可触发拍照的监控器

开车的朋友可能会遇到不小心误闯红灯的情况，现在红灯“电子眼”都配有地压式磁感应线圈，有“电子眼”的路口在停车线前后，都挖有菱形的槽子，里面埋的就是感应线圈（见图 16.1）。

当车的前轮压过地上的感应线圈时，电子眼会拍摄第一张照片（见图 16.2）；当车的后轮压过地上的感应线圈时，“电子眼”拍摄第二张照片；当车通过路口，压过对面地上的感应线圈时，“电子眼”拍摄第三张照片。

图 16.1 停车线下埋有感应线圈

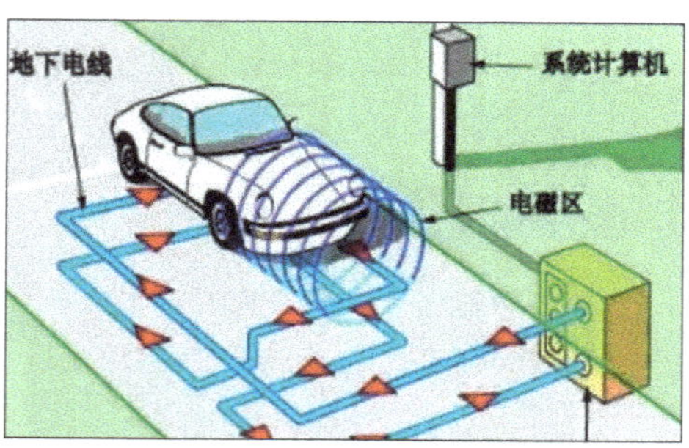

图 16.2 “电子眼”拍摄原理示意图

表 16.1 项目器材

名称	数量
Beetle 控制板	1
Beetle 扩展板	1
人体红外热释电传感器	1
摄像头	1
拨动开关	1
杜邦线	若干

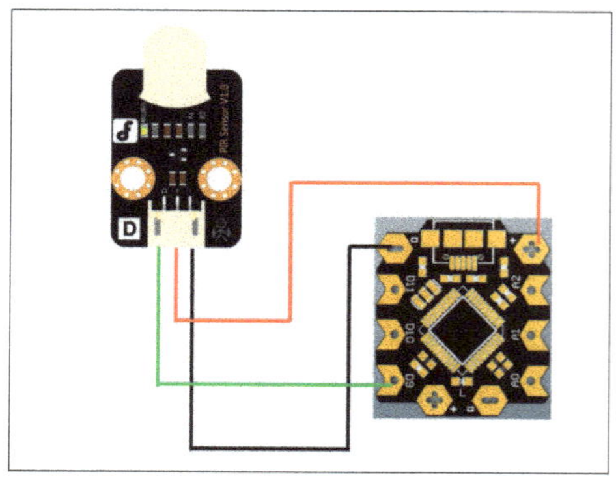

图 16.3 电路连接示意图

今天我们也仿照路口的“电子眼”，做一个可触发拍照的监控器，通过它来拍摄走过这里的人。电路连接示意图如图 16.3 所示。项目器材见表 16.1。

16.1 结构件建模

测量：拿出摄像头、Beetle 扩展板和人体红外热释电传感器，用游标卡尺测量相关尺寸，并记录下来，以便建模时使用。

❶ 打开 SketchUp，在顶视图模式下，绘制边长为 39mm 的正方形。

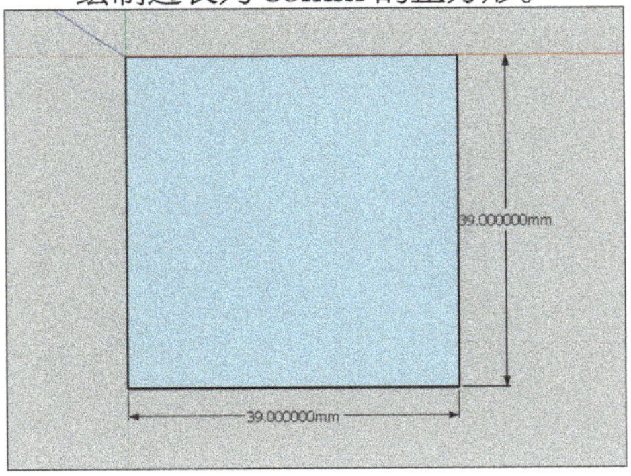

❷ 使用偏移工具将各边向外偏移 2.5mm，再使用圆弧工具为 4 个角绘制圆弧。

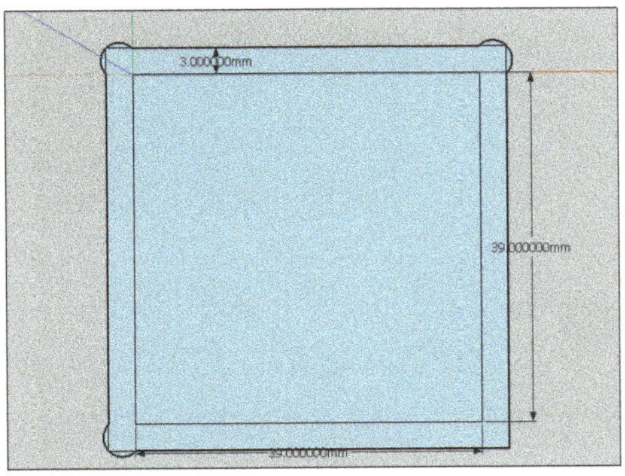

❸ 删除上步中多余的线段，使用推拉工具向上拉升，距离为 2.5mm。

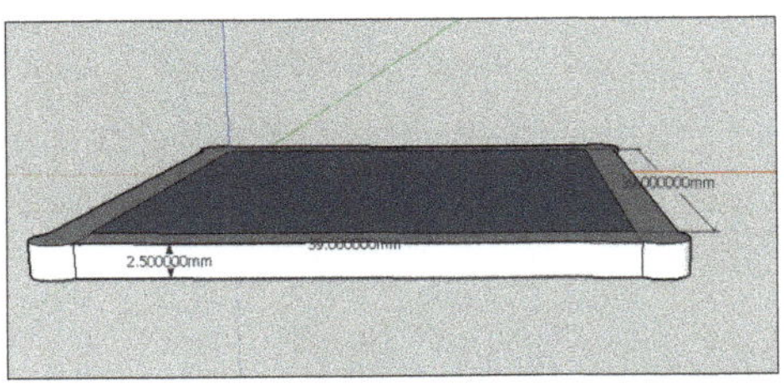

❹ 以上步中外框为拉升区，向上拉升，距离为 75mm。

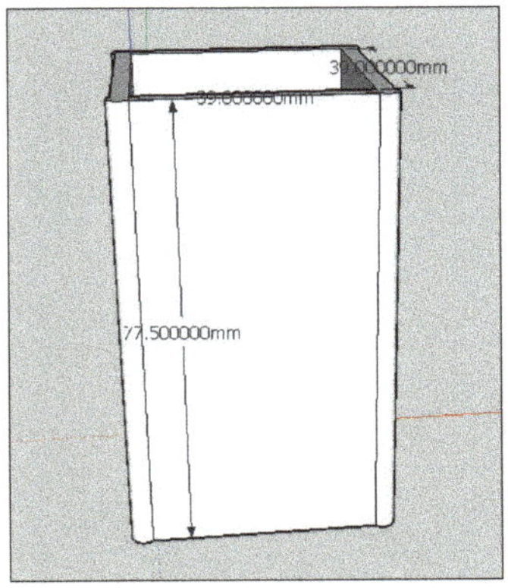

❺ 以顶边中点为起点向下测量，距离为 10mm，取点 A、B、C。

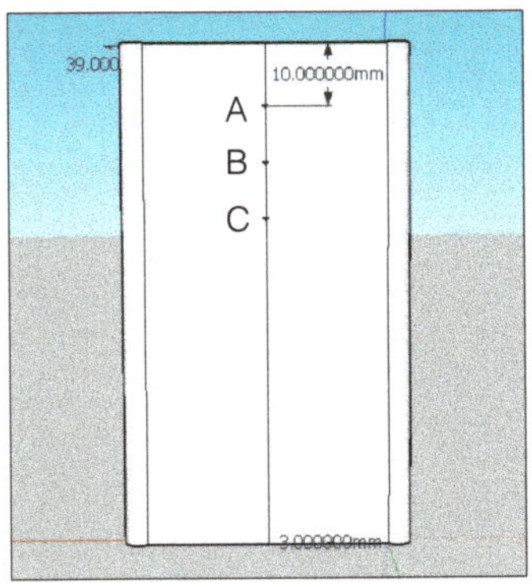

❻ 以 B 点为圆心，绘制半径为 9mm 的圆形。

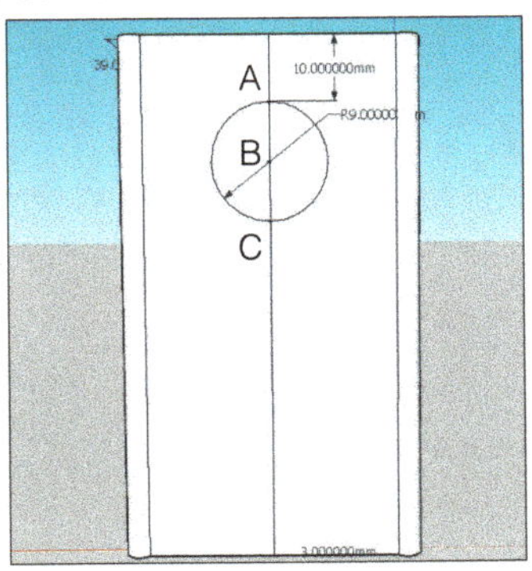

7 再绘制两个高 18mm 的矩形和一个半径为 5mm 的圆形（边缘距底边 3mm）。

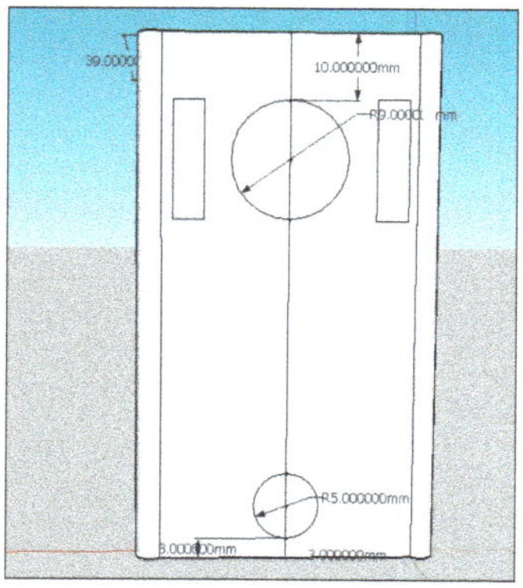

8 重复步骤 1~3，使用偏移工具以内框线为起点，向内偏移 3mm，再选择拉伸工具向上拉升 3mm，制作成盖子。

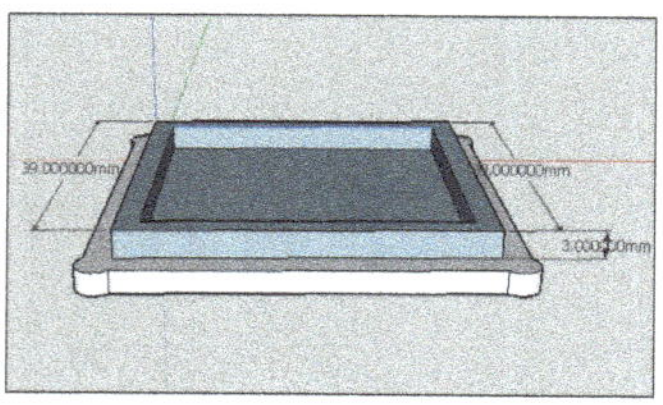

16.2 组件安装

1 拿出 Beetle 控制板和 Beetle 扩展板，按下图所示方式焊接。

2 将人体红外热释电传感器与 Beetle 控制板的数字口 8 连接起来。

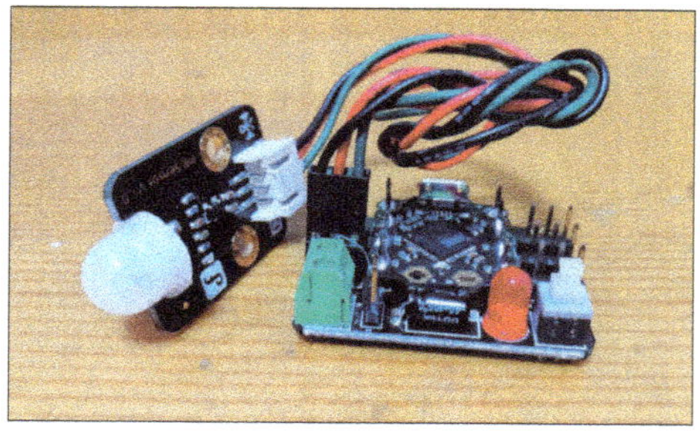

3 将上述传感器与控制板安装到监控盒内。

4 拿出摄像头，将它安装到监控盒子内。摄像头是通过 USB 连到计算机上的。

16.3 代码编写

拍照监控器工作原理很简单：当人体红外热释电传感器监测到信号后，向串口发送数据，计算机端 Processing 程序接收到串口发送的数据后，启动摄像头拍摄相关图像，并保存在计算机上。

Arduino 端程序

```
const int buttonPin = 9;
const int ledPin =  13;
void setup()
{
  pinMode(ledPin, OUTPUT);
  pinMode(buttonPin, INPUT);
  Serial.begin(9600);
}
void loop()
{
  if (digitalRead(buttonPin) ==
HIGH)
   {
     Serial.println(1);
     digitalWrite(ledPin, HIGH);
     delay(1000);
   }
   else
   {
     digitalWrite(ledPin, LOW);
   }
}
```

计算机端 Processing 程序

```
import processing.video.*;
import processing.serial.*;
Serial myPort;
Capture video;
void setup()
{
  size(640, 480);
  video = new Capture(this, 640,
480);
  video.start();
  frameRate(25);
  String portName = Serial.
list()[0];
  myPort = new
Serial(this,"com15", 9600);
}
void draw()
{
  int val;
  if (video.available())
  {
    video.read();
  }
  video.loadPixels();
  image(video, 0, 0, width,
height);
  if ( myPort.available() > 0)
  {
    val = myPort.read();
    if (val==49)
    {
       save("img-"+ getfile()
+".jpg");
    }
  }
}
String getfile()
{
  int mm = millis();
  int d = day();
  int m = month();
  int y = year();
  String s = String.valueOf(y)+
  String.valueOf(m)+String.
  valueOf(d) + "-" +String.
  valueOf(mm);
  return s; }
```

16.4 运行测试

给系统上电，就可测试这个拍照监控器了（见图 16.4）。

运行 Processing 程序（见图 16.5），会弹出一个视频监视窗口。当人体红外热释电传感器检测到信号后，会触发拍照（见图 16.6）。

图 16.4 测试拍照监控器

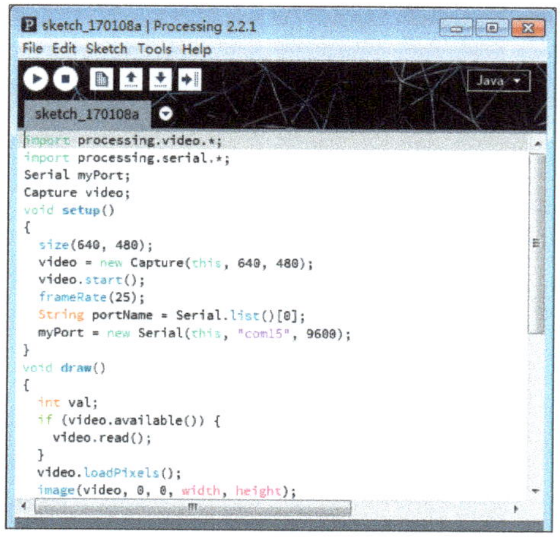

图 16.5 Processing 程序

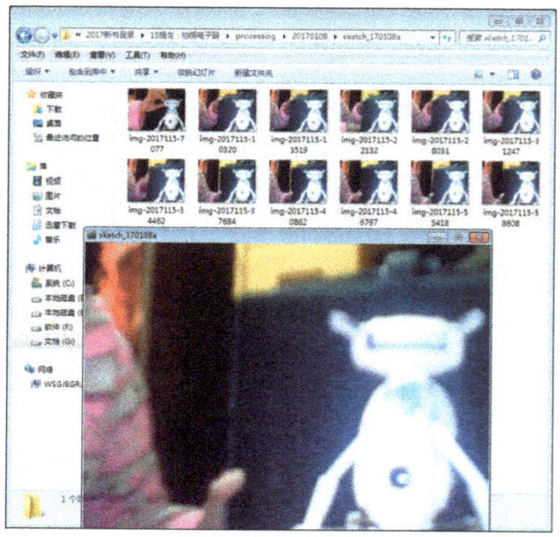

图 16.6 当人体红外热释电传感器检测到信号后，会触发拍照

第6章 创客竞赛作品

17 可双向查找的智能钥匙扣

18 智能导盲杖

19 实时水质监测船

20 基于物联网平台的无线充电智能公路模型

17 可双向查找的智能钥匙扣

在日常生活中，你是否遇到过这样的麻烦呢？需要钥匙时，却找不到钥匙。今天我们就教大家 DIY 一款可以双向查找的智能钥匙扣，通过它，你可以一键寻物。如图 17.1 所示，按右边主控端上的按钮，左边的钥匙扣就可以发出声光提醒，同理，按左边的钥匙扣上的按钮，右边的主控端也可发出声光提醒，从而实现双向查找。

项目器材如图 17.2 和表 17.1 所示。

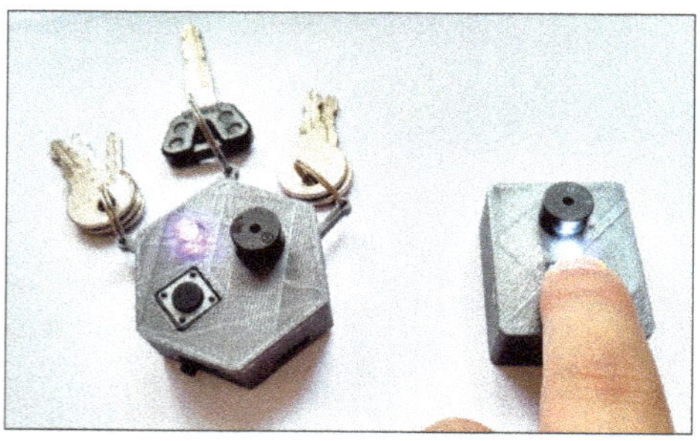

图 17.1 作品展示

图 17.2 项目器材

表 17.1 项目器材

名称	数量
Bluno Beetle 控制板	2
拨动开关 SS-12F15G5，2 挡 3 脚	2
电磁式 5V 有源蜂鸣器	2
MicroUSB 版 1A 锂电池充电模块	2
3.7V 聚合物锂电池 032323	2
LED	2
10kΩ 电阻	2
贴片轻触开关	2
杜邦线	若干
3D 打印机，这里用的是 Overlord Pro	1
灰色 PLA 3D 打印耗材	若干

17.1 电路连接

❶ 拿出 MicroUSB 锂电池充电模块与 3.7V 锂电池 032323，把它们连接在一起，3.7V 锂电池的红线（正极）接充电模块的 B+，黑线（负极）接充电模块的 B-。

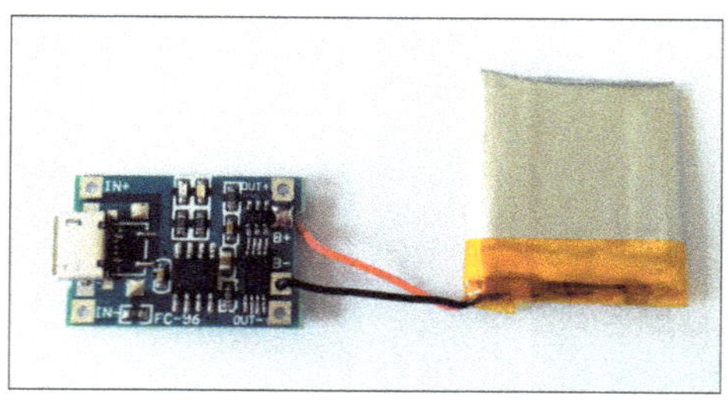

❷ 拿出两根杜邦线，分别连接到充电模块的 OUT+、OUT− 两端，用于负载输出。

❸ 将 Bluno Beetle 控制板、拨动开关与前面的电路连接在一起。充电模块的 OUT+ 接 Bluno Beetle 的 VIN，充电模块的 OUT− 接拨动开关右脚，拨动开关中脚接 Bluno Beetle 的 GND。

❹ 取出按钮、10kΩ 电阻、红黑杜邦线，做一个按钮的下拉电路。注意这种按钮有 4 个引脚，我们只要选取任意一边的两个引脚进行焊接即可。

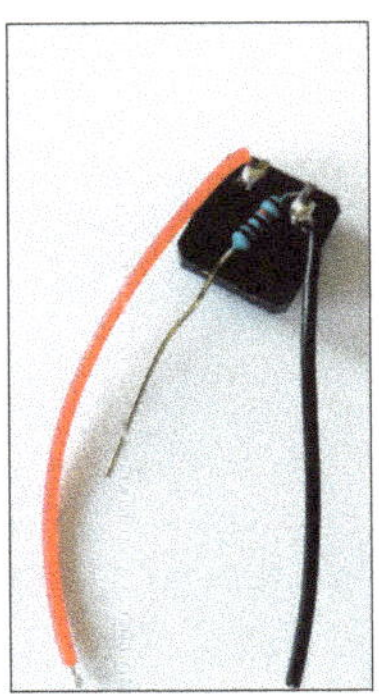

要读取的引脚可能出现连续的状态而不稳定，可以采取加入上拉 / 下拉电阻方法，这样可以使其在没有连接状态下有个稳定的读数。例如这里的按钮电路，在被按下时状态为 1，但在没被按下时，可能会产生抖动，它的读数可以是 0~1023 的任何值。要判断它是否被按下，容易出错。如果加入一个 10kΩ 左右的下拉电阻，就可去除按钮在按下过程中产生的抖动。这里按钮的黑线接 Bluno Beetle 的数字口 4，红线接 Bluno Beetle 的 +5V。

详细的电路连接如图 17.3 所示。另外一个钥匙扣的电路连接与其相同。

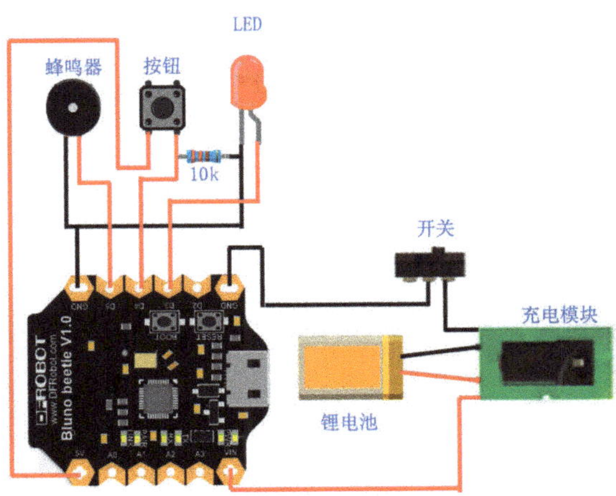

图 17.3 电路连接

17.2 蓝牙配对

由于使用的 Bluno Beetle 控制板集成了蓝牙 4.0 功能，我们只需要对它们进行蓝牙主从配对，建立连接即可。蓝牙配对过程如下。

进入 AT 指令模式：需要先把串口监视器的右下角调为“No line ending”，然后在串口监视器中输入“+++”，进入 CMD 模式，即 AT 模式。

（1）打开 Arduino IDE。

（2）选择菜单“tools”→“Serial Monitor”，开启串口监视器。

（3）在两个下拉菜单中选择“No line ending”（见图 17.4 的 1）和“115200 baud”（见图 17.4 的 2）。

（4）在输入框中输入“+++”（见图 17.4 的 3），并单击“Send（发送）”按钮（见图 17.4 的 4）。

图 17.4 串口监视器

（5）如果收到“Enter AT Mode”（见图 17.4 的 5），就证明已经进入了 AT 指令模式。

按下列 AT 指令来设置蓝牙主从模块。

设置 BLE 工作在主机状态下：AT+ROLE=ROLE_CENTRAL。

设置 BLE 工作在从机状态下：AT+ROLE=ROLE_PERIPHERAL。

如果设置成功，在串口监视器中将会出现“OK”，此时分别对主从模块上电，配对成功后，可以看到 LINK 灯亮。

17.3 代码编写

由于功能上要求满足双向通信，所以在编写完串口发送功能后，需要再编写串口接收功能。这样，无论是蓝牙主模块还是蓝牙从模块，它们都既是发送端，也是接收端。下列代码为蓝牙主模块代码，从模块代码与之相同。

```
void setup ()
{
  pinMode(4,INPUT);
  pinMode(5,OUTPUT);
  pinMode(3,OUTPUT);
  Serial.begin(115200);
}
void loop()
{
  int n =digitalRead(4);
  //创建一个变量 n，将 4 号数字口的状态采集出来赋值给它
  if (n==1)
  //判断 n 是否为高电平，如果是，执行下面的语句；不是则跳过
   {
    digitalWrite(3,HIGH);
    Serial.println(n);
   }
  else{ digitalWrite(3,LOW); }
  int m=0;
```

```
  char a;
  a=Serial.read();
  m=a-48;
  if (m==1)
  //判断 n 是否为高电平，如果是，执行
下面的语句；不是则跳过
  {tone(5,1000);  }
    else{
    pinMode(5,INPUT);
    noTone(5);
  }
}
```

17.4 结构件建模

两个钥匙扣造型不同，3D 模型分别如图 17.5~ 图 17.8 所示。

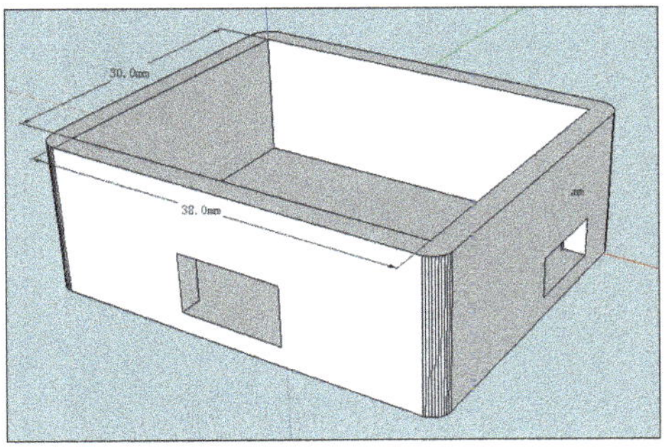

图 17.5 KEY01A

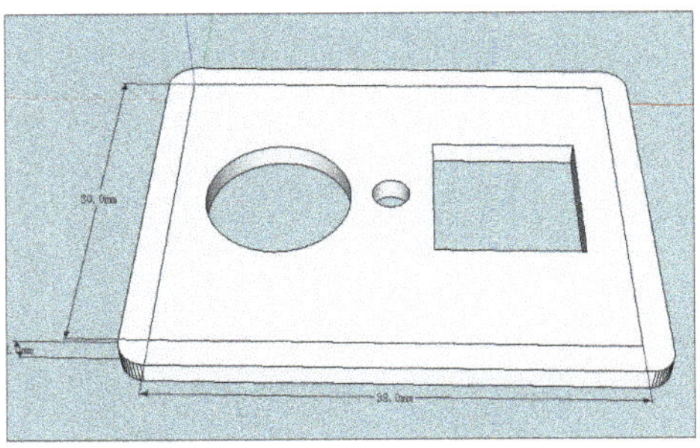

图 17.6 KEY01B

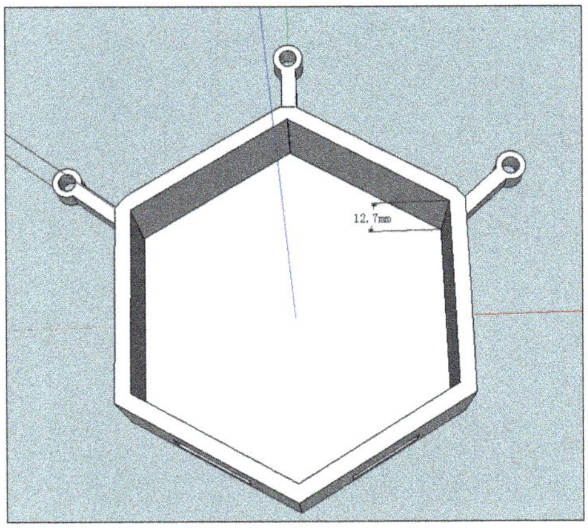

图 17.7 KEY02A

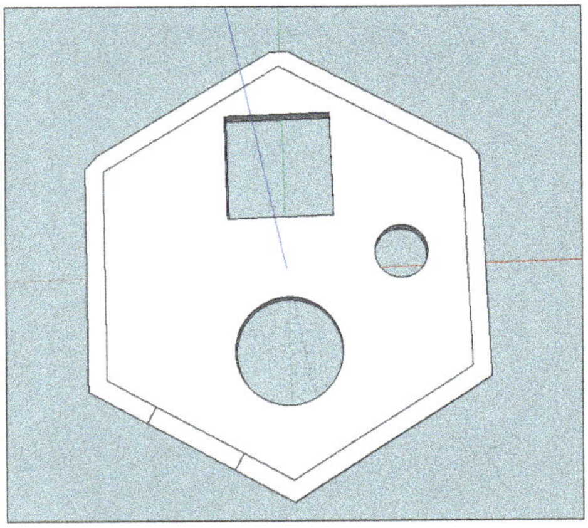

图 17.8 KEY02B

17.5 组件安装

❶ 将充电模块与拨动开关放置在盒子底层，并固定。

❷ 将蜂鸣器、按钮、LED 按下图方式焊接（可参照图 17.3）。

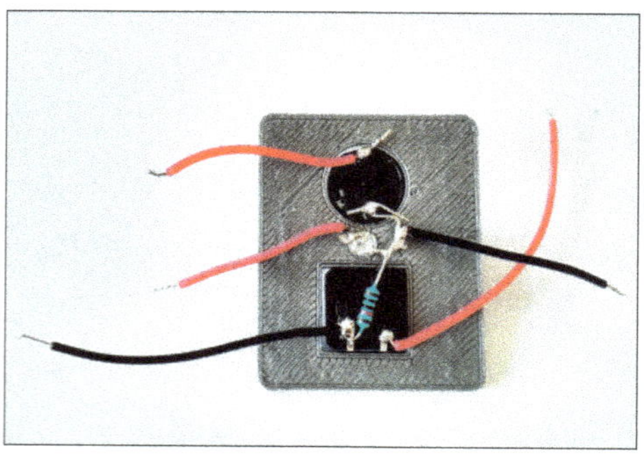

❸ 再将盒盖上的线与 Bluno Beetle 控制板焊接到一起（可参照图 17.3）。

17.6 测试

将你的钥匙挂在钥匙扣上，分别对两端上电，配对成功后即可使用。当你找不到钥匙时请不要抓狂，拿出智能钥匙扣，按下按钮即可一键寻物。反过来，如果你的主控端找不到了，用你的钥匙扣按钮也可实现一键寻物。

18 智能导盲杖

导盲杖是盲人群体使用最为普遍的一种工具，然而传统的导盲杖仅仅是一根棍。随着我国城镇化进度加快，城市道路环境日趋复杂，传统导盲杖已经远远不能满足盲人的出行需求，因此我们就有了智能导盲杖的创意设计。项目器材见表 18.1。

18.1 作品功能设计

（1）非接触式障碍物检测：盲人使用传统导盲杖时，通过触觉感知避开地上的障碍，但脸部经常会撞上招牌等物体。传统导盲杖存在没有触碰到障碍物就无法感知的问题，若用传感器进行非接触式检测即可大大提高障碍物感知能力。

表 18.1 项目器材

名称	数量
Arduino Uno 控制板	1
I/O 传感器扩展板 V7.1	1
防水超声波测距模块	1
3~80cm 红外数字避障传感器	2
LED	2
微型振动模块	2
数字大按钮模块	2
拨码开关	1
7.4V 电池	1
Bluno Beetle 控制板	2
3.7V 电池	2
蜂鸣器	1

（2）三维立体检测：本作品设置了左、中、右 3 个传感器，左、右为红外检测开关，中间为超声避障模块。中间传感器通过声音提示盲人，而左、右传感器检测左、右方向上的障碍物，通过手柄上的振动装置提醒盲人。3 个传感器形成一个集群，在一定方向和角度上可以避免出现导盲的盲区。

（3）转向提示：盲人在行走过程中需要转向时，可以按下左、右转向按钮，点亮导盲杖上的转向灯，给路人以提示。

（4）自动调平：智能导盲杖的三维立体检测头带有自动调平功能，不同盲人因为使用习惯的不同，导盲杖与地面形成的夹角也不同，但检测头始终能够与地面保持平行。

（5）一键找寻：智能导盲杖配有一个智能找寻钥匙扣，盲人可以通过按下找寻键，快速找到导盲杖。

18.2 电路连接

拐杖部分使用 Arduino Uno 作为主控器，使用超声测距模块和 2 个红外数字避障传感器作为避障检测端，以 2 个振动模块传达左、右方向障碍物信息，以 2 个按钮配合两个 LED 给旁边的行人提供转向提示信息。硬件连接方法如图 18.1 所示。

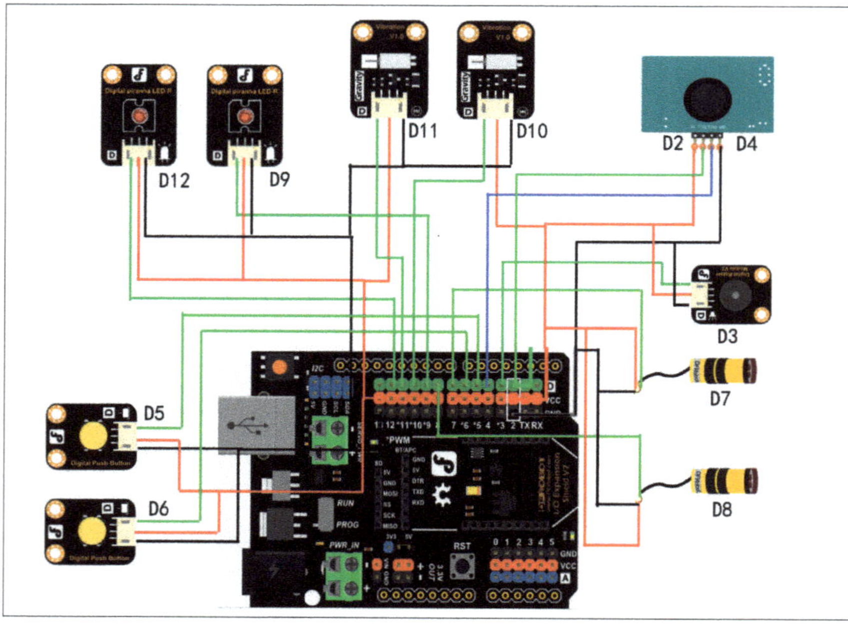

图 18.1 硬件连接方法

18.3 代码编写

```
int echoPin=4;
int trigPin=2;
int leftpin=10;
int rightpin=11;
const int InfraredSensorPin = 7;
const int InfraredSensorPin2 = 8;
boolean leftbuttonState=LOW;
boolean rightbuttonState=LOW;
void setup()
{
  Serial.begin(115200);
  pinMode(3,OUTPUT);
  pinMode(echoPin, INPUT);
  pinMode(trigPin, OUTPUT);
  pinMode(leftpin,OUTPUT);
  pinMode(rightpin,OUTPUT);
  pinMode(9, OUTPUT);
  pinMode(12, OUTPUT);
  pinMode(5, INPUT);
  pinMode(6, INPUT);
}
void loop()
{
  digitalWrite(trigPin, LOW);
  delayMicroseconds(2);
  digitalWrite(trigPin, HIGH);
  delayMicroseconds(10);
  digitalWrite(trigPin, LOW);
  int distance = pulseIn(echoPin,
HIGH);
  distance= distance/58;
  if (distance <=50)
  {
    tone(3,400);
    delay(100);
  }
  else
  {
    noTone(3);
  }
  if(digitalRead(InfraredSensorP
in) == LOW)
  digitalWrite(leftpin,HIGH);
  else
  digitalWrite(leftpin,LOW);
  if(digitalRead(InfraredSensorP
```

```
in2) == LOW)
  digitalWrite(rightpin,HIGH);
  else
  digitalWrite(rightpin,LOW);
  leftbuttonState = digitalRead
(5);
  if (leftbuttonState == HIGH)
  digitalWrite(9, HIGH);
  else
  digitalWrite(9, LOW);
  rightbuttonState = digitalRead
(6);
  if (rightbuttonState == HIGH)
  digitalWrite(12, HIGH);
  else
  digitalWrite(12, LOW);
}
```

18.4 建模、安装

18.4.1 智能导盲杖

导盲杖的主体选用了一个伸缩拖把杆，分为传感器、主控器、输入和感知 3 部分。

由于拆装的是一个拖把杆，我们的主控器要安放到拖把顶上，所以需要设计一个连接件用于连接拖把与主控仓（见图 18.2~ 图 18.7）。如果在安装过程中感觉拖把头部很难插入连接件，可以使用热水将连接件烫一下，然后再安装。

我最初的想法是从拖把杆内部走线，但手头没有合适的工具能够在金属表面打孔，所以临时改为走明线。安装好主控仓后，在主控仓位的适当位置上钻孔。将主控器及相关传感器电子部件放入主控仓内，并将连接线从孔中穿过（见图 18.8~ 图 18.11）。

传感器部分采用的是一个防水超声波测距模块和两个红外避障传感器，形成一个多角度的检测集群。为了让传感器和拖把杆连为一体，我们设计了固定卡子和传感器仓（见

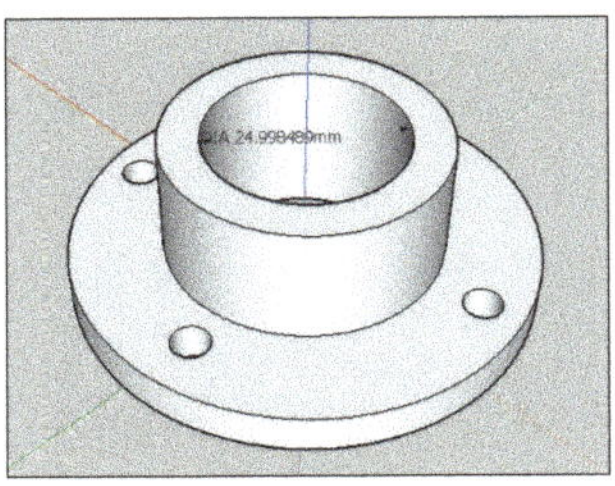

图 18.2 连接件模型

图 18.3 连接件 3D 打印实物

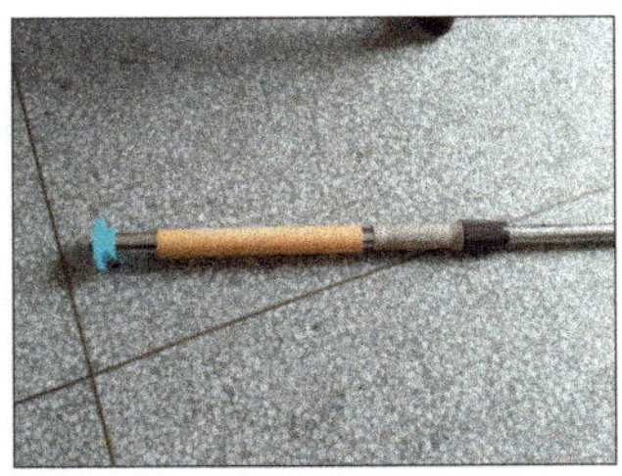

图 18.4 连接件安装在拖把杆头部

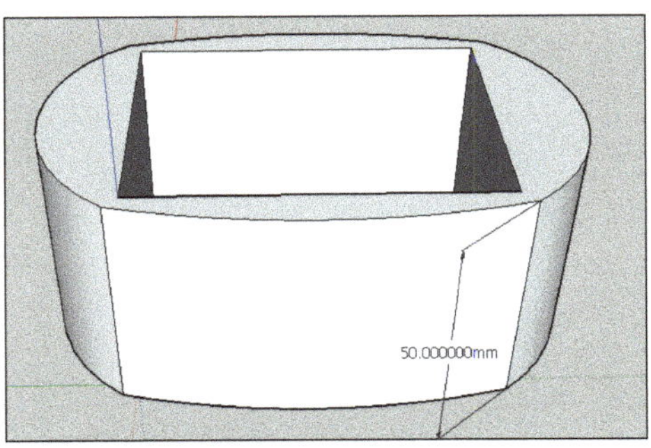

图 18.5 主控仓模型

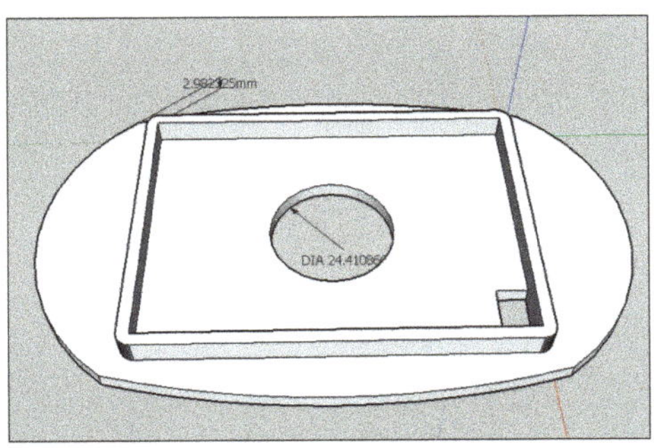

图 18.6 主控仓盖模型

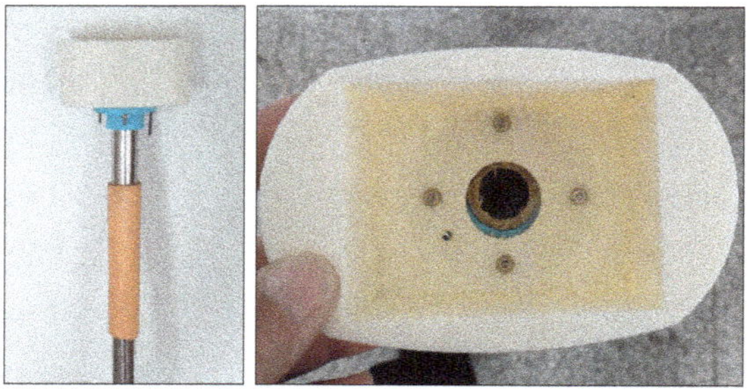

图 18.7 用 4 根螺丝将连接件与主控仓固定在一起

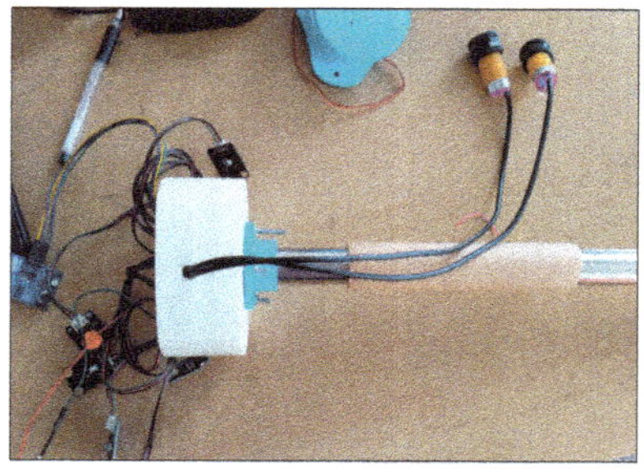

图 18.8 将红外避障传感器的连线从孔中穿入

图 18.9 将主控器放置仓内并固定

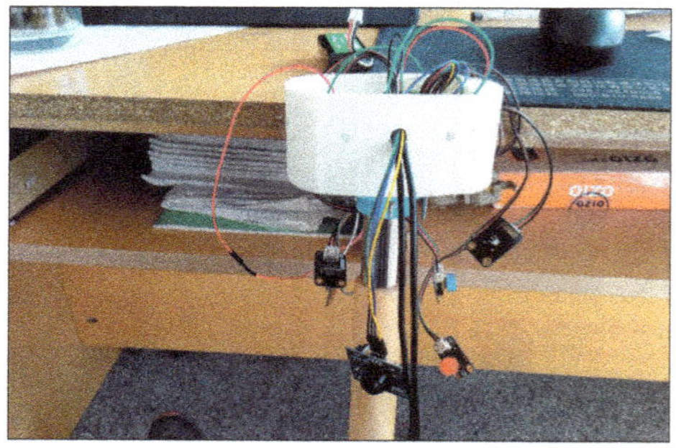

图 18.10 钻孔并正确安装 LED 指示灯

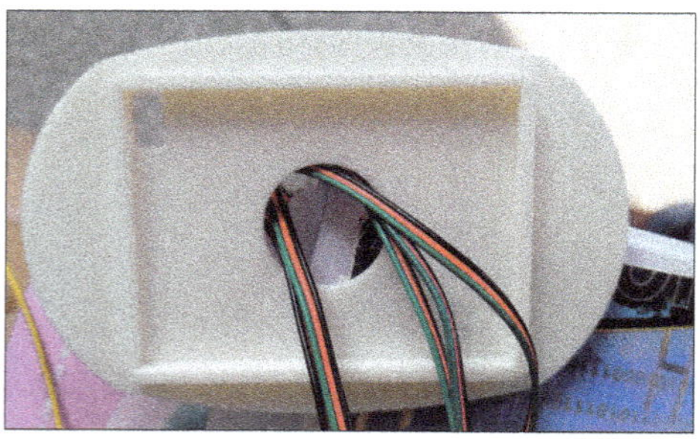

图 18.11 将输入感知部件相关传感器从仓盖孔中穿过

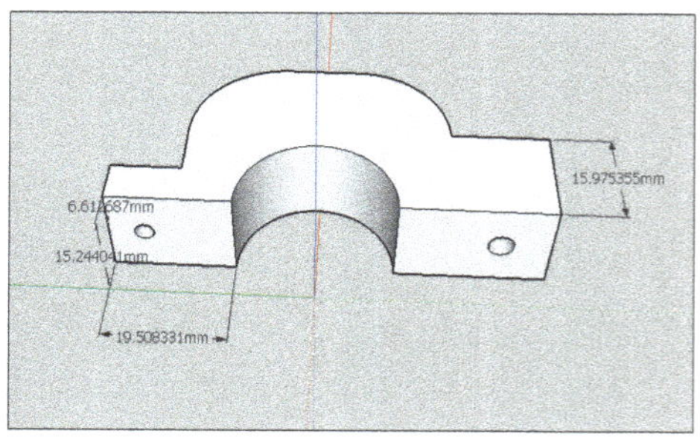

图 18.12 固定卡子

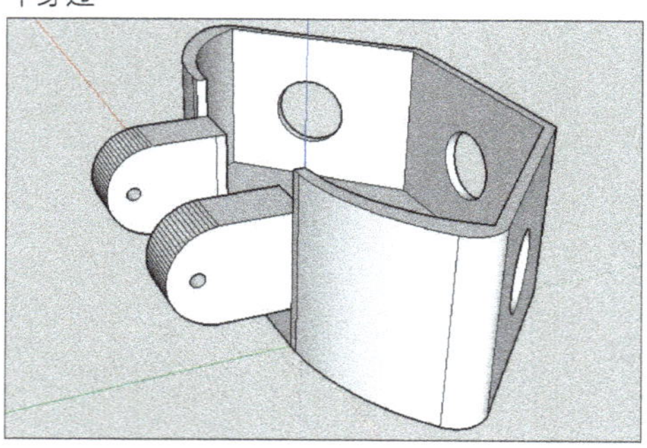

图 18.13 传感器仓

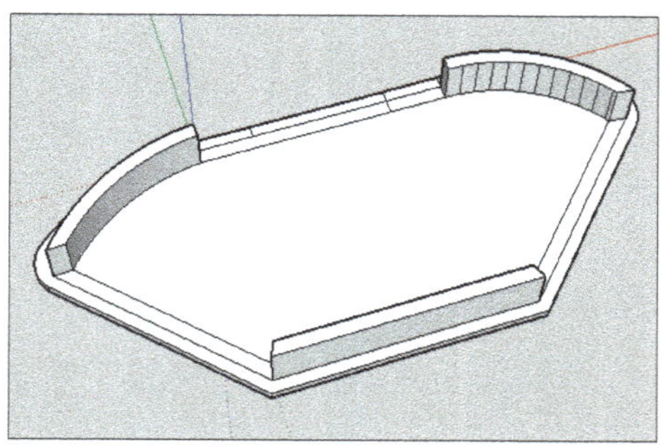

图 18.14 传感器仓盖

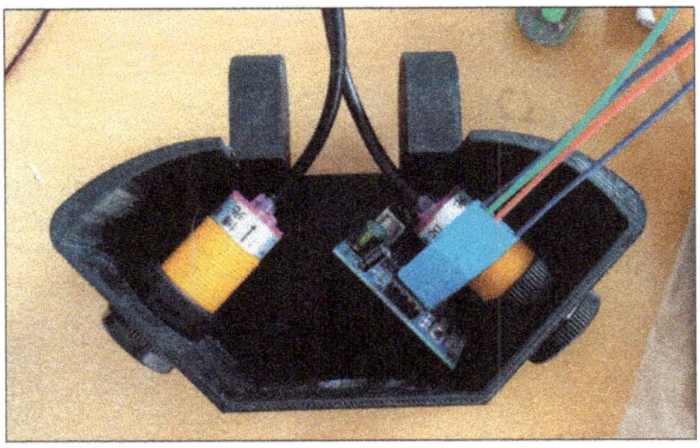

图 18.15 将传感器安装到适当位置，中路为超声波传感器，左、右为红外避障传感器

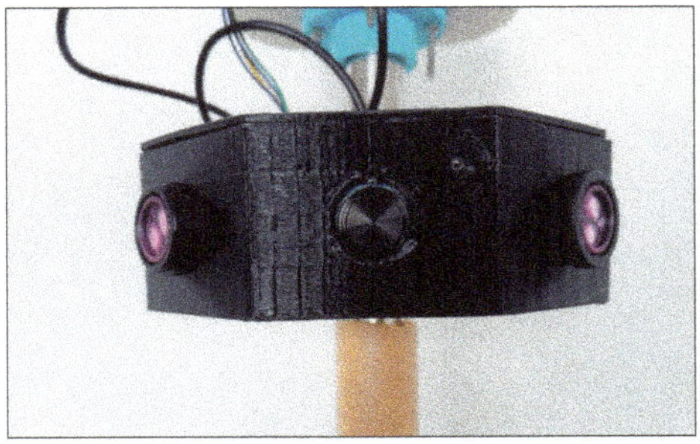

图 18.16 安装传感器好后，用热熔胶在仓内部对传感器进行固定

图 18.12~ 图 18.16）。

用电钻在把手（见图 18.17、图 18.18）上钻孔，安装输入感知器件：转向按钮、左右振动提示器和蜂鸣器。安装好后如图 18.19 所示，可以按动按钮测试转向提示功能。

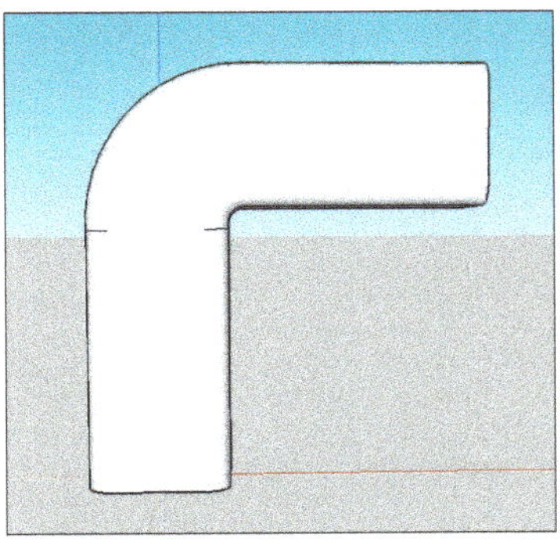

图 18.17 把手 3D 模型

图 18.18 3D 打印把手

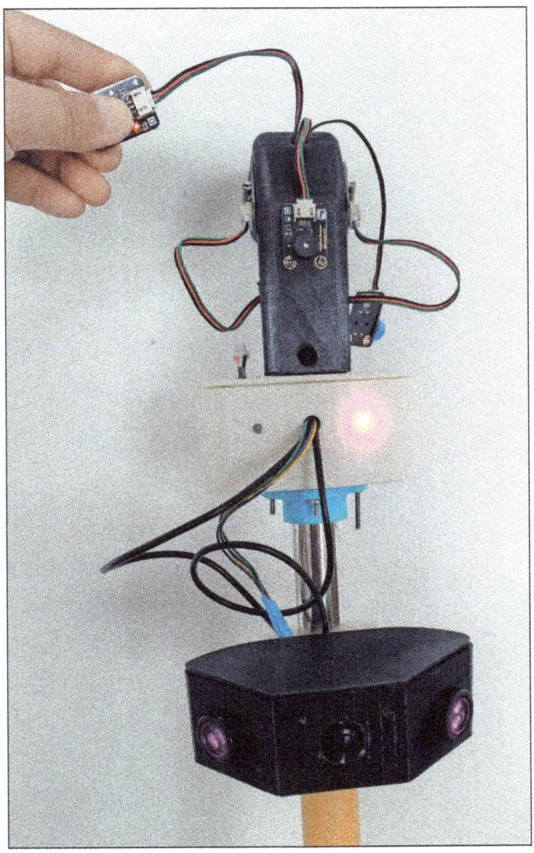

图 18.19 测试转向功能

18.4.2 智能找寻钥匙扣

智能找寻钥匙扣使用了两块 Bluno Beetle 控制器，通过无线蓝牙通信实现主机、从机之间的通信。硬件连接方法如图 18.20、图 18.21 所示，具体制作方法请参考上一节内容。蓝牙主控端的外形设计如图 18.22 所示，被控端如图 18.23、图 18.24 所示。为了提高作品的集成度，我们将蓝牙被控端放置于拐杖把手尾部，电路与智能导盲杖相对独立。

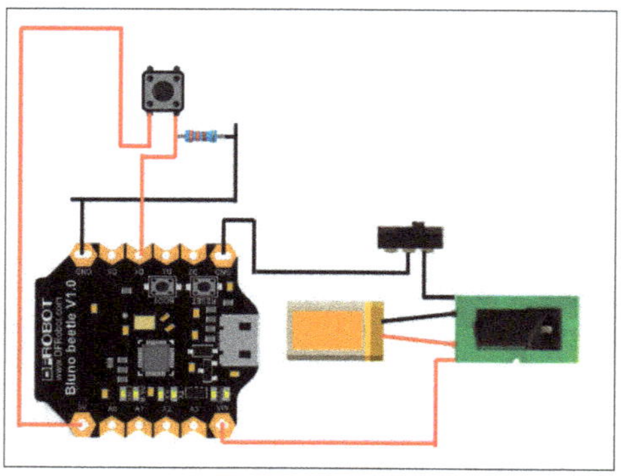

图 18.20 蓝牙主控端（钥匙扣端）硬件连接方法

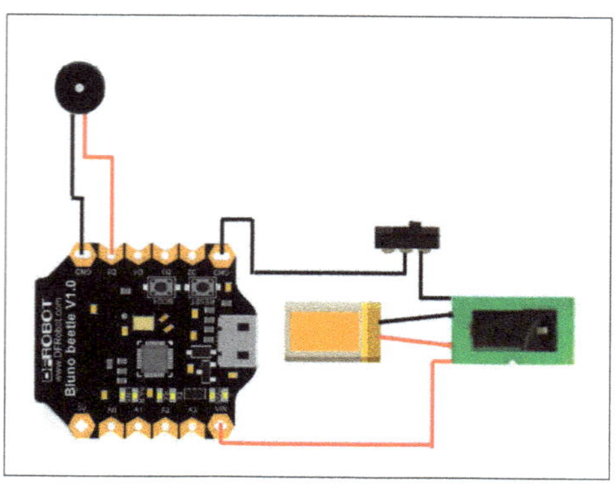

图 18.21 蓝牙被控端硬件连接方法

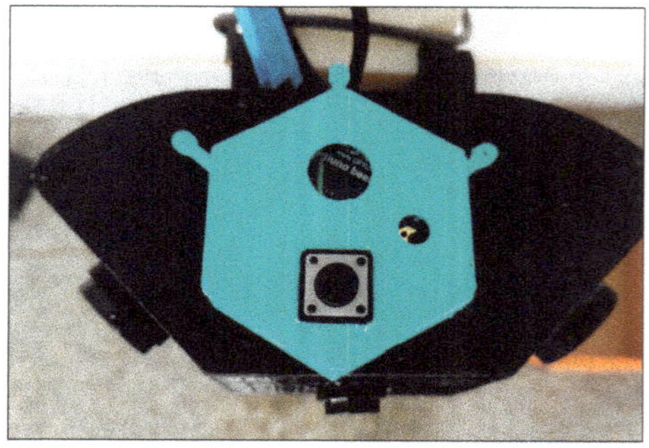

图 18.22 蓝牙主控端

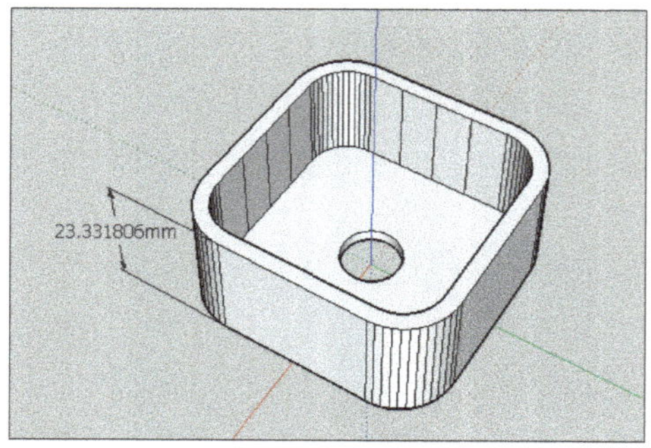

图 18.23 蓝牙被控端 3D 模型设计

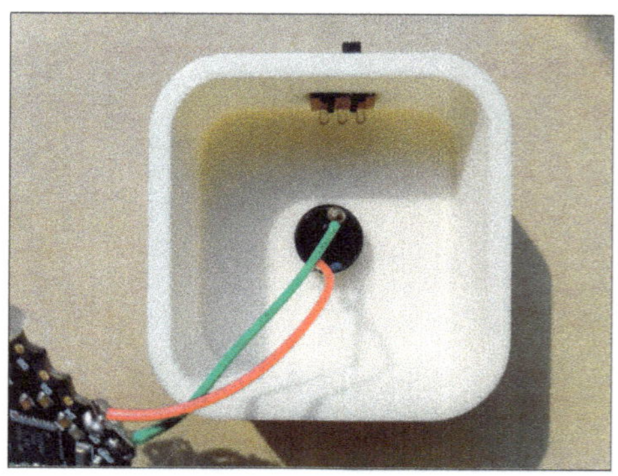

图 18.24 蓝牙被控端

19 实时水质监测船

第 13 节介绍的水箱水质、水位监测装置虽然实现了对水质、水位的监测，但只是局限于本地监测，还需要人工记录，关键是不能对于室外的池塘水质实现实时监测。为此，我们改造了一艘遥控船，使它变成一艘水质监测船，用原本的遥控装置控制遥控船驶入需要采集样本的水域，通过船体携带的相关传感器检测水质，将数据保存到本地 TF 卡中，并以无线方式发送到遥控端，进行水质数据分析。系统构成如图 19.1 所示。项目器材见表 19.1。

表 19.1 项目器材

名称	数量
遥控船	1
Arduino Uno 控制板	2
I/O 扩展板 V7	1
LCD Keypad Shield 按键扩展板	1
APC220 无线数传模块（含天线）	1
模拟 pH 计	1
模拟氧化还原电位计（ORP）	1
DS18B20 防水温度传感器套件	1
7.4V/2500mAh 锂电池（带充放电保护板）	1
7.4V 锂电池充电器	1
TF 卡	1

19.1 采集端

本次制作，我们是在玩具遥控船的基础上进行改造。为了简化系统，我们将动力系统和检测数据系统分开，在保持遥控船原有动力系统的基础上，加装了含有温度、pH 值、氧化率等水质指标传感器的数据采集端，在电气上做到了隔离（见图 19.2）。数据接收、遥控及客户显示端，我们共用了原本遥控器的供电。

图 19.1 系统构成

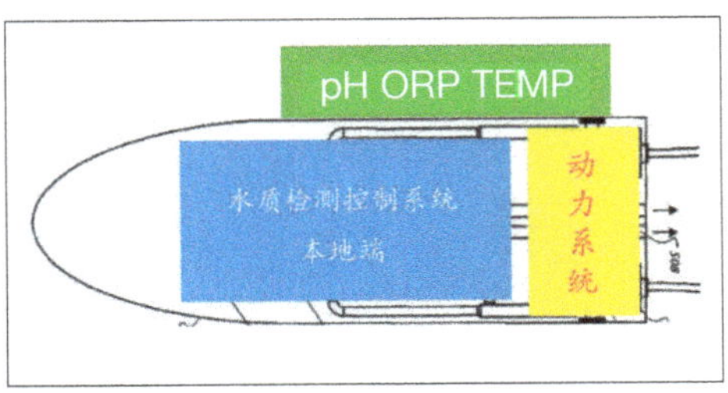

图 19.2 遥控船系统构成

数据采集端实际上是与船体相对独立的一个控制系统，以 Arduino 作为主控，通过 I/O 传感器扩展板 V7 连接模拟 pH 计（pH）、模拟氧化还原电位计（ORP）、DS18B20 温度传感器（TEMP），采集水质数据保存在 TF 卡上，再通过 APC220 无线数传模块把数据传输到遥控端。其中，pH、ORP、TEMP 分别接 Arduino 的 A2、A1、D2，

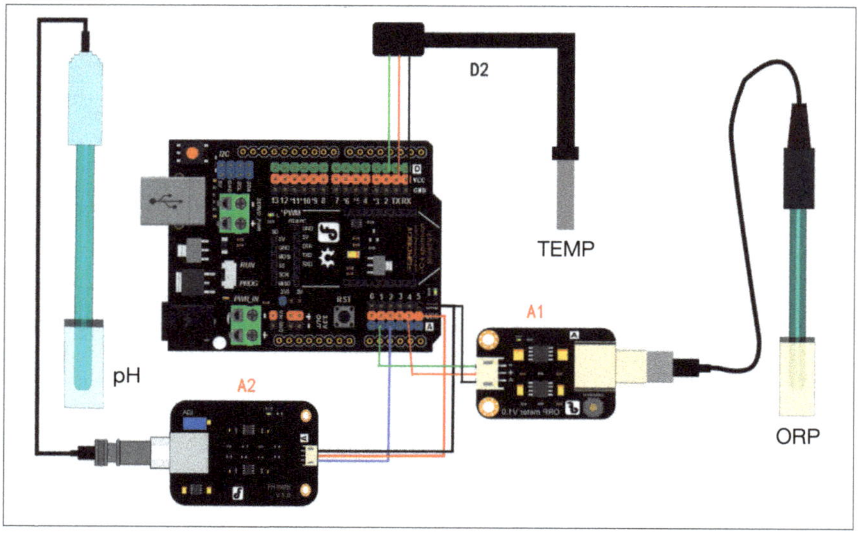

图 19.3 采集端硬件连接示意图

APC220 接 I/O 扩展板的 APC 接口，硬件连接如图 19.3 所示。

19.2 遥控端

遥控端的主要功能是遥控船体运动并接收采集到的水质数据。这里数据接收 / 显示端与遥控器共用一路电源。为此，先要改造原来的遥控器，重新引出一路供电，提供给数据接收 / 显示端。

1 拆开遥控器后盖。

2 在遥控器后盖板上方钻一个孔，用于安装数据接收 / 显示端的供电开关。

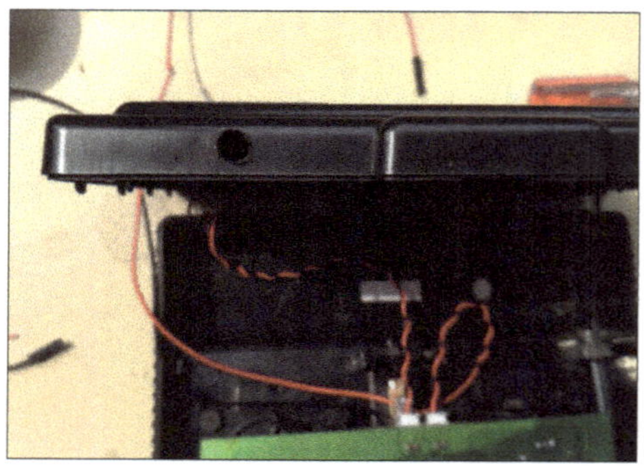

3 从电池盒分别引出两根线（红正、黑负），用于给数据接收 / 显示端供电。

4 将引出的两根线与拨码开关和电源转接头连接起来。

5 再将遥控器按原样装回。数据接收/显示端的制作：将 LCD Keypad Shield 按键扩展板叠加在 Arduino Uno 控制板上，在 APC 接口上叠加 APC220 无线数传模块。

19.3 APC220 无线数传模块的配置

1 将天线旋紧在 APC220 上，再将 APC220 插在 USB 转串口模块上，最后再把 USB 转串口模块插入计算机的 USB 口。

2 下载并安装 USB 转串口的驱动程序。

3 打开设备管理器，找到你的 USB 转串口模块的串口号，这里是 COM8。

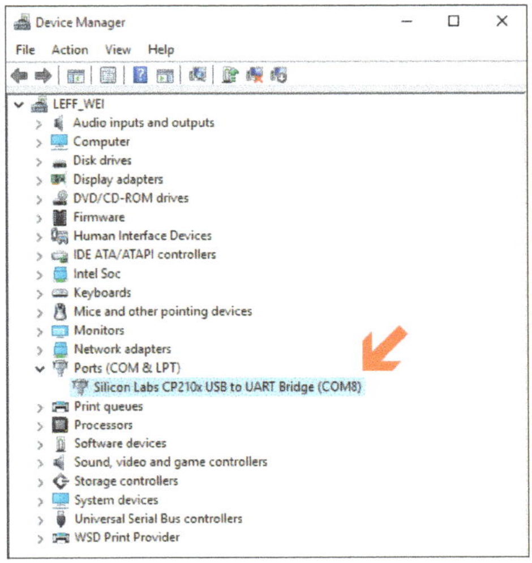

4 打开应用程序 APC22X_V12A.exe（即 RF-magic）进行相应配置。注意：打开软件后，软件将自动打开串口，并有提示。如果提示打开串口失败，请用管理员身份打开或者从设备管理器中将默认的串口号改为较小的串口号，如 COM1。

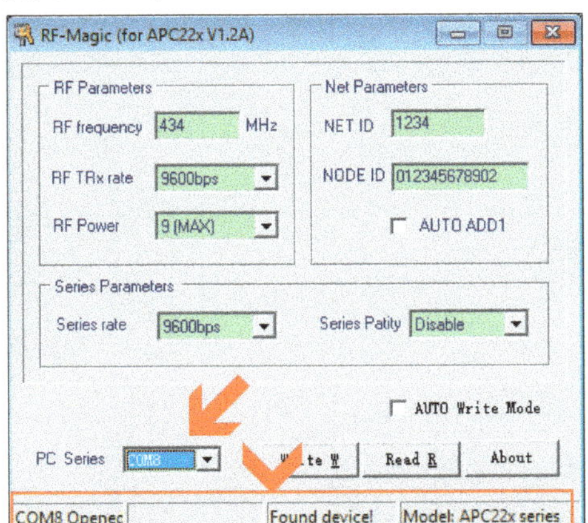

5 按照下图中红框里的参数（默认值）进行配置，单击“Write W”按钮。

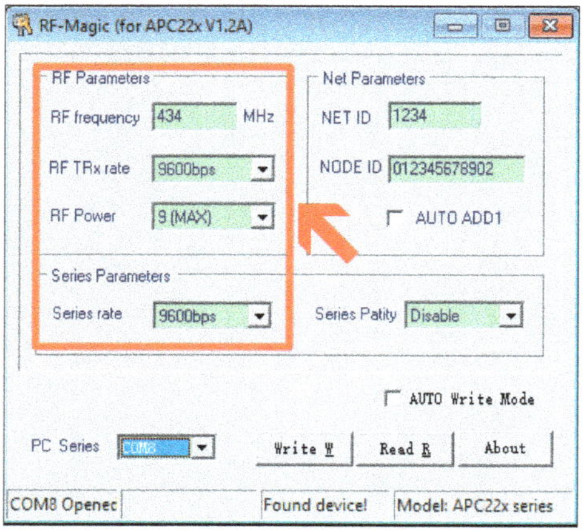

6 配置成功后会提示“write succeed”。对另外一块 APC220 也进行相同的配置。

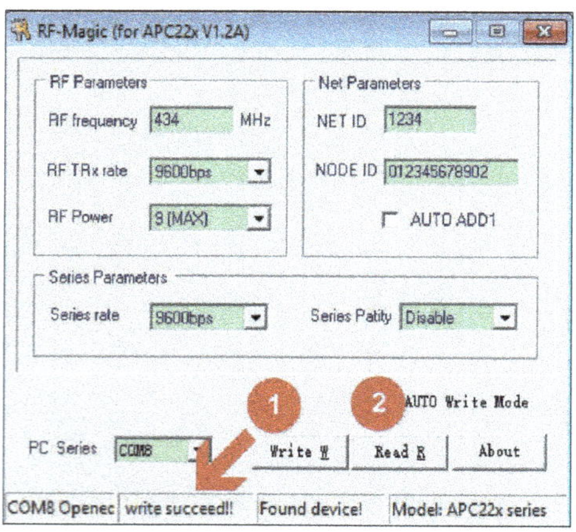

7 将一块 APC220 插到计算机上，将另一块 APC220 插到 Arduino 上（如果没相应的接口，可以按照引脚说明接线），运行以下程序进行通信测试。

```
void setup()
{
  Serial.begin(9600);
  //设置通信波特率
}
void loop()
{
  Serial.println("Hello!");
  //打印字符串"Hello!"
  delay(1000);  //延迟 1s
}
```

8 用串口助手或 Arduino 串口监视器打开 COM8，你将看到字符串“Hello！”每隔 1s 在窗口中打印一次。

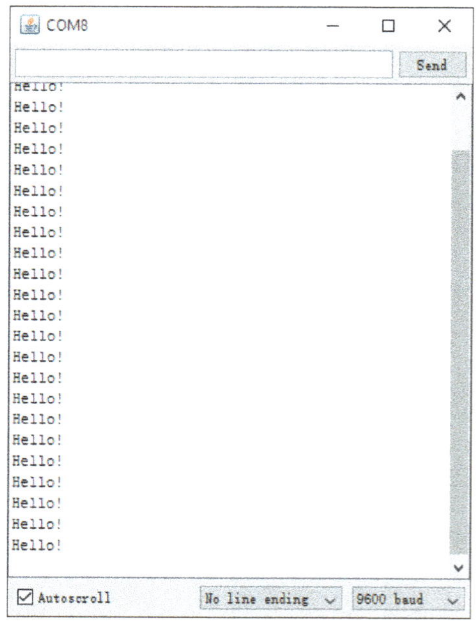

19.4 安装测试

将数据采集端放在船体内部，为了保证电气部分的防水性，建议把它放在防水的盒子里（见图 19.4）。传感器通过船体的孔位穿出，固定在左右船舷上（见图 19.5）。

将船放入水中，驶入指定水域采集相应水质指标（见图 19.6）。

这时，遥控接收端即可实时接收数据采

集端发送的数据并显示在 LCD 上（见图 19.7）。

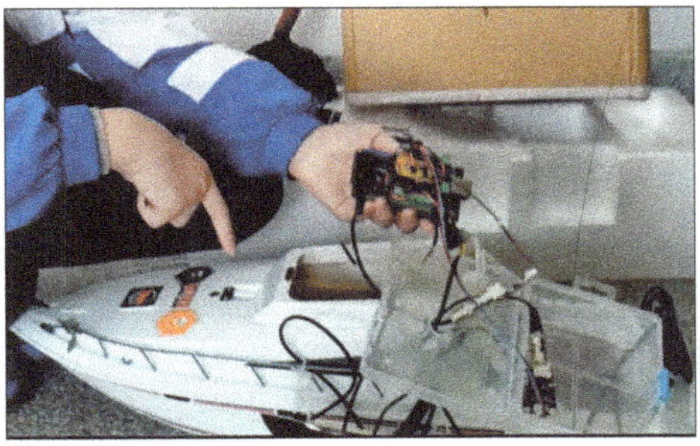

图 19.4 把数据采集端放在防水的盒子里

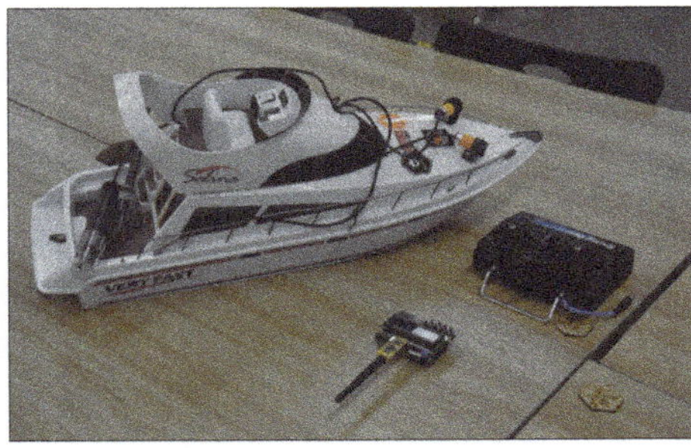

图 19.5 传感器通过船体的孔位穿出，固定在左右船舷上

图 19.6 在水中测试

图 19.7 接收数据并显示

20 基于物联网平台的无线充电智能公路模型

在能源和环保的压力下，新能源汽车无疑将成为未来汽车的发展方向。然而新能源汽车面临着很多问题，例如需要充电时找不到充电桩；找到充电桩，充电速度慢；因为充电慢，需要占用大量土地建充电站，而土地在大城市里是非常稀缺的资源，停车收费也很贵；充电需要耗时，车辆出行率低。畅想未来，要是能实现通过道路无线充电就好了。虽然这个设想目前还无法实现，但我们可以先制作一个模型来展示。项目器材见表20.1。

20.1 功能设计

（1）光伏转换：路面铺设太阳能电池板，将采集到的光能转换为电能，为预埋在地下的蓄电池充电。

表 20.1 项目器材

名称	数量
A 级多晶硅电池板	4
3.7V 锂电池	4
无线充电模块 5V/1A	4
Micro USB 充电模块	4
光敏电阻	5
10kΩ 电阻	5
LED	5
Arduino UNO 控制板	1
UART OBLOQ - IoT 物联网模块	1
杜邦线	若干

（2）无线充电：为路面上的电动汽车提供无线充电环境，确保路面上的汽车可随时充电。

（3）智能照明：公路上的照明灯能够根据外界的光照条件的变化自动开启和关闭，既保证了照明，又做到了节能。

（4）物联网：道路上设置的光线传感器是接入物联网的，可以通过手机和 PC 实时查看道路光照情况。

20.2 工作原理

供电流程如图 20.1 所示。

20.3 作品制作

20.3.1 无线供电公路部分

这个模型使用 4 块多晶硅电池板作为路

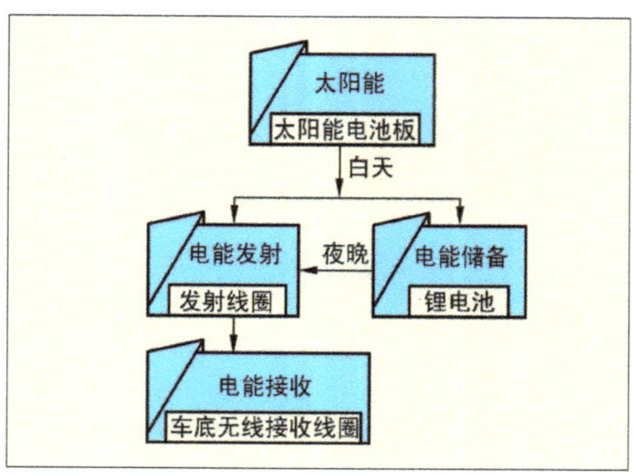

图 20.1 供电流程

面，将采集到的光能转换为电能，电池板的正负极分别与 Micro USB 充电模块的 in+、in- 连接，无线充电发射端正负极与 Micro USB 充电模块的 out+、out- 连接，3.7V 锂电池正负极与 Micro USB 充电模块的 B+、B- 连接（见图 20.2）。

为了使每块电池板表面能够获得相对平均的能量，我们将发射线圈粘在电池板的中心（见图 20.3）。

在锂电池回路中添加开关，用于控制能源的通断（见图 20.4）。

为了能够模拟出道路情况，我们通过 SketchUp 建立公路路基、路灯杆、灯杆支撑架等结构件的 3D 模型（见图 20.5~ 图 20.7），然后 3D 打印出来。

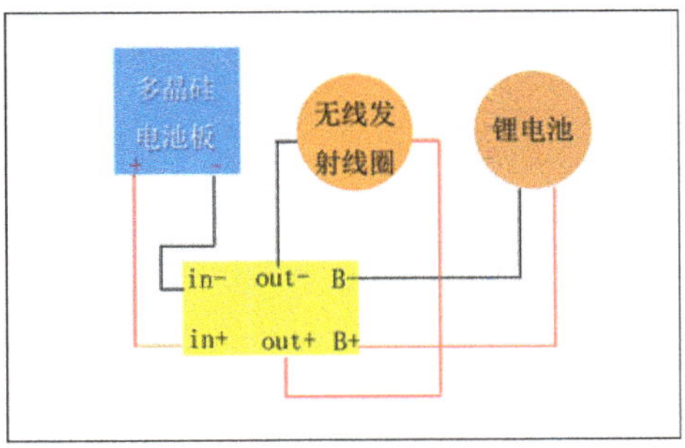

图 20.2 电路连接示意图

图 20.3 将发射线圈粘在电池板的中心

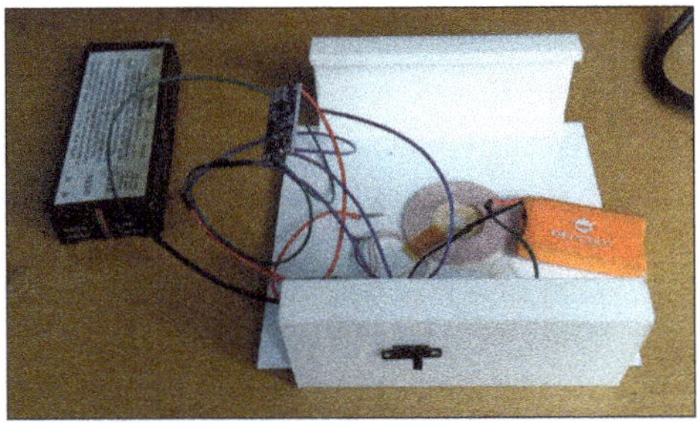

图 20.4 在锂电池回路中添加开关

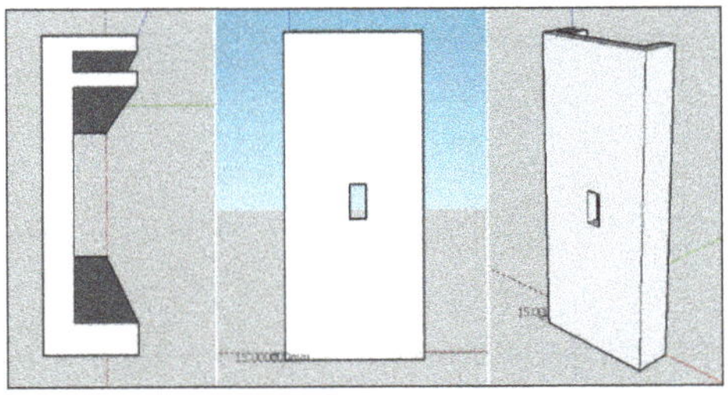

图 20.5 路基 3D 模型

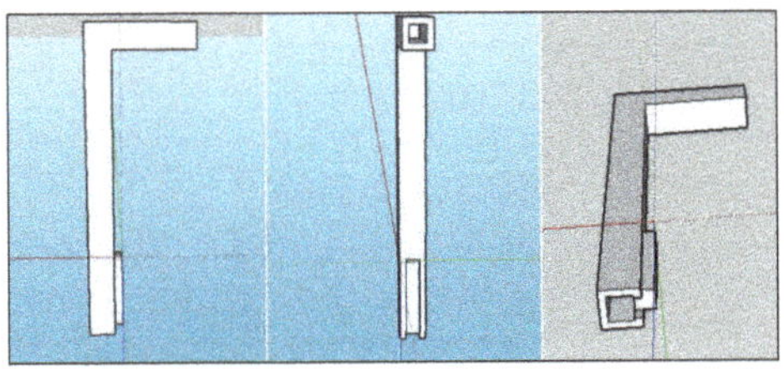

图 20.6 路灯杆 3D 模型

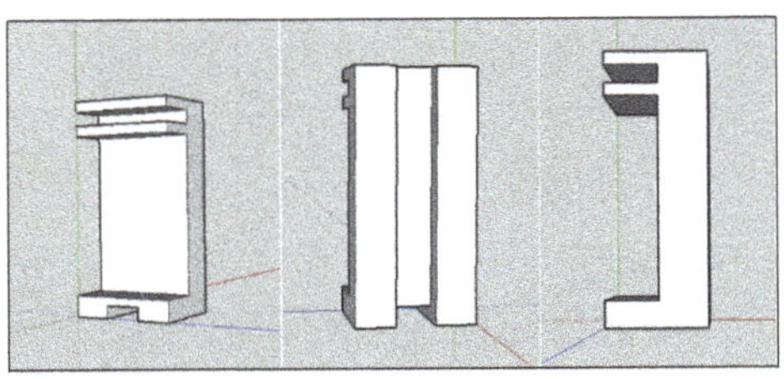

图 20.7 路灯支撑架 3D 模型

20.3.2 智能路灯部分

智能路灯部分主要通过光线传感器感知光线强度来控制路灯的亮灭，在保证路面照明的情况下，科学、合理地使用能源。我们这里使用的是光敏电阻，为了从串口得到稳定的数值，需要添加一个 10kΩ 的电阻（见图 20.8），并用热缩管将所有焊接的地方包裹住，做到电气隔离（见图 20.9）。

电路连接如图 20.10 所示，5 个 LED 分别连接 D13、D12、D9、D8、D7；光线传感器连接 A0、A2、A3、A4、A5；物联网模块的 T 对应绿色线，连接 D10；R 对应蓝色线，连接 D11。

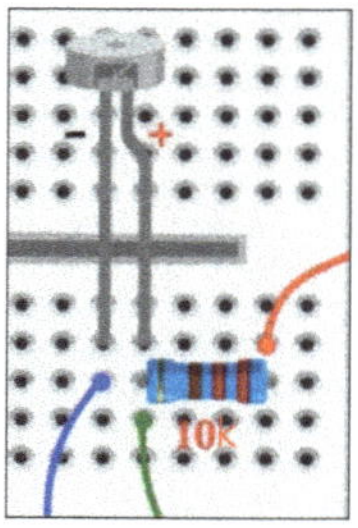

图 20.8 添加一个 10kΩ 的电阻

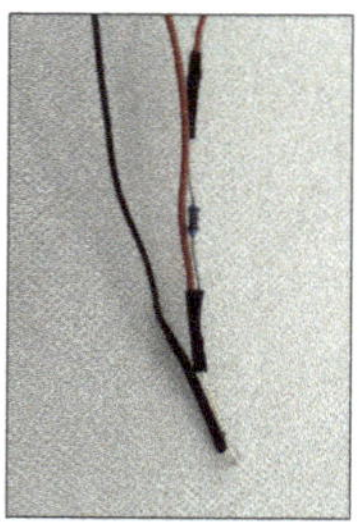

图 20.9 用热缩管将所有焊接的地方包裹住

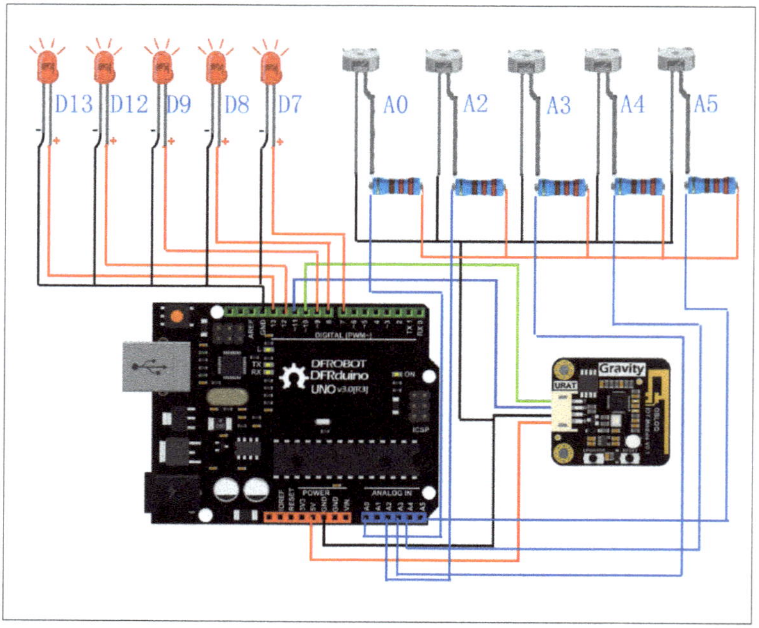

图 20.10 电路连接示意图

20.3.3 物联网部分

物联网平台使用的是 DFRobot 的 EASY IoT 平台，只需要几步设置，就可以让你体验到物联网的数据采集的便利。

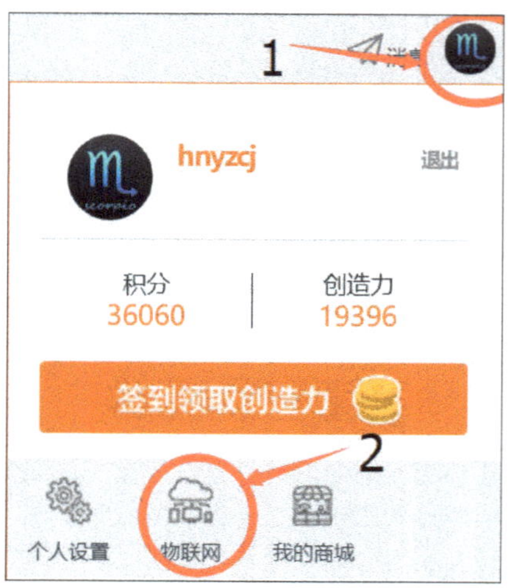

❶ 登录 DF 社区，将鼠标指针移动到用户图标上，单击“物联网”后即可进入物联网平台。

❷ 首次打开物联网平台，要先进行用户注册，然后登录。

❸ 在这里我们需要记住 Iot_id 和 Iot_pwd 的内容，单击“重新生成”后面的眼睛图标，就可以显示对应的字符数据。

❹ 单击“添加新设备”按钮，创建一个新设备，并记录下该设备的 Topic。至此，物联网平台设置工作就结束了。

❺ 使物联网数据能够正常上传，还需要对 Arduino 端的代码进行相应修改。完成上述步骤后可以测试一下基本的功能。

```
#define WIFISSID "DFRobot-guest"
// 替换成你自己的 Wi-Fi 账号
#define WIFIPWD  "dfrobot@2017"
// 替换成你自己的 Wi-Fi 密码
#define SERVER "iot.dfrobot.com.cn"
//Iot 主机地址，此处不用更改
#define PORT 1883
//Iot 连接端口，此处不用更改
#define IOTID "r1qHJFJ4Z"
// 创建设备时记录的相关信息
#define IOTPWD "SylqH1Y1VZ"
// 创建设备时记录的相关信息
......
publish("Hy6z0Pb1G",(String)temperature);
// 向 Hy6z0Pb1G 设备发送数据，这里需要替
换成你自己创建的 Topic
```

20.4 安装测试

❶ 在路基上安装拨码开关。

❷ 将蓄电池固定在路基侧面，并与拨码开关焊接到一起。

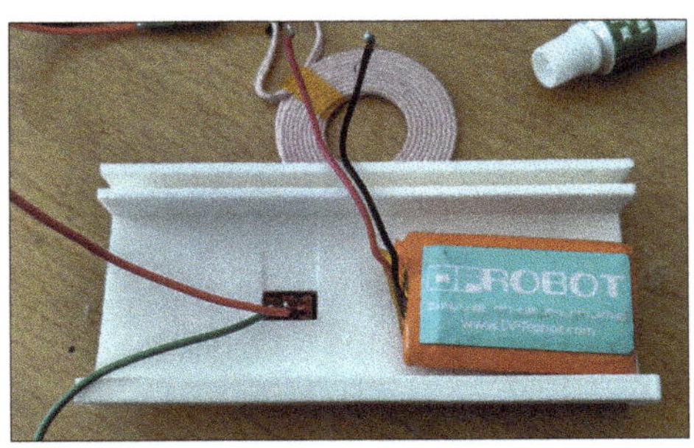

③ 将路基从两侧卡在电池板两侧，并用胶水固定。同时也将路灯、路灯支架安放在合适的位置。

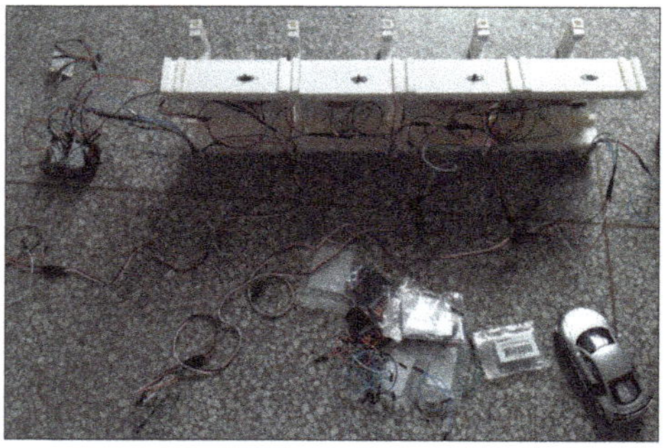

④ 对电动小车进行改装，将原有的电池供电改为无线供电接收线圈供电。

⑤ 上电测试，小车会向前直行。

⑥ 物联网平台接收到的光照数据如下图所示。

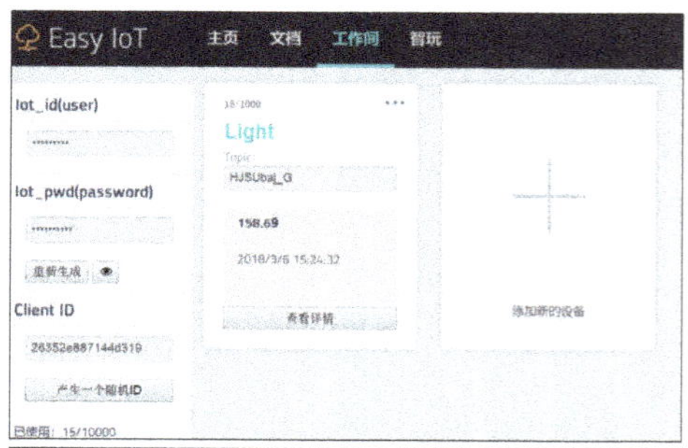

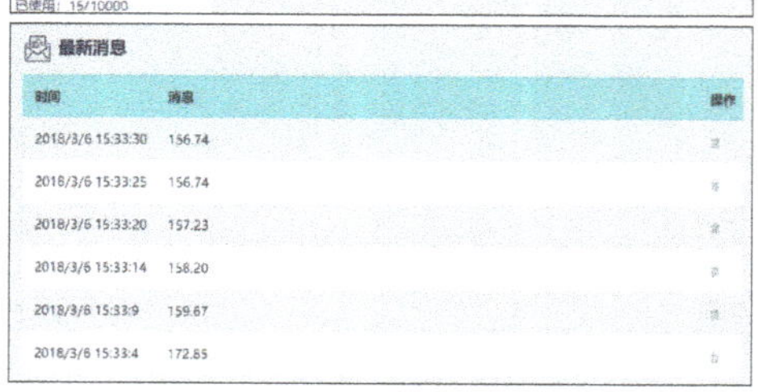

最新消息

时间	消息	操作
2018/3/6 15:33:30	156.74	
2018/3/6 15:33:25	156.74	
2018/3/6 15:33:20	157.23	
2018/3/6 15:33:14	158.20	
2018/3/6 15:33:9	159.67	
2018/3/6 15:33:4	172.85	

www.ingramcontent.com/pod-product-compliance
Lightning Source LLC
LaVergne TN
LVHW022153071026
849580LV00015B/2354
* 9 7 8 7 1 1 5 4 8 4 0 7 9 *